物理时空行

# 牛顿为什么这么牛

陈爱峰◎著　　郑东升◎绘

中国大百科全书出版社

**图书在版编目（CIP）数据**

物理时空门 . 牛顿为什么这么牛 / 陈爱峰著；郑东升绘 .
—北京：中国大百科全书出版社，2023.7
ISBN 978-7-5202-1362-2

Ⅰ . ①物… Ⅱ . ①陈… ②郑… Ⅲ . ①力学 - 少儿
读物 Ⅳ . ① 04-49

中国版本图书馆 CIP 数据核字（2023）第 109648 号

出　版　人：刘祚臣
责任编辑：程忆涵
封面设计：丁　辰
责任印制：邹景峰
出版发行：中国大百科全书出版社
地　　　址：北京市西城区阜成门北大街 17 号
邮政编码：100037
网　　　址：http://www.ecph.com.cn
电　　　话：010-88390718
图文制作：北京博海维创文化发展有限公司
印　　制：小森印刷（北京）有限公司
字　　数：80 千字
印　　张：3.75
开　　本：880 毫米 ×1230 毫米　1/32
版　　次：2023 年 7 月第 1 版
印　　次：2023 年 7 月第 1 次印刷
ＩＳＢＮ：978-7-5202-1362-2
定　　价：118.00 元（全 3 册）

从这里开始就是

# 牛顿的世界

# 陈爱峰

北京市第八中学超创中心物理教研组长，西城区学科带头人，高级教师。爱物理，爱生活，爱科普。如何才能让孩子们也爱上物理呢？把久酿的热爱写成本书，还请收下。

# 郑东升（@超正经东叔）

从事漫画行业 20 余年、拥有百万粉丝的资深漫画家。家有两娃，每天为辅导作业焦头烂额，为此立志创作出大娃爱看二娃沉迷的科普漫画。

# 目录

## 力与牛顿运动定律

# 运动

# To 同学们：

　　欢迎你走进中学物理学的多彩世界。物理学是自然科学中的基础学科，很多科学研究都会用到物理知识。什么是物理学呢？《中国大百科全书》对"物理学"阐述为："物理学是研究物质运动最一般规律和物质基本结构的学科。作为自然科学的带头学科，物理学研究大至宇宙，小至基本粒子等一切物质最基本的运动形式和规律，因此成为其他各自然科学学科的研究基础。它的理论结构充分地运用数学作为自己的工作语言，以实验作为检验理论正确性的唯一标准，它是当今最精密的一门自然科学学科。"

　　我们从分析物体的运动规律开始进入物理学的殿堂。

　　描述物体运动离不开空间、时间和基本参照，所以本章我们需要了解长度和时间的基本定义和单位，以及关于参考系的知识。

　　物体的运动多种多样，但无论多么复杂的运动都可以看作简单运动的合成，所以我们从简单的运动入手，首先了解速度、加速度的概念，再联系实际，分析几种典型的运动——比如匀速直线运动、自由落体运动、抛体运动、简谐运动等。

　　亲爱的同学，准备好了吗？

# Let's go!

# 本章要点

速度

参照物（参考系）

物理量及倍数表示

长度及其测量

加速度

自由落体运动

图像工具的应用

简谐运动

抛体运动

# 乌龟为什么爬得快？
## ——初识速度

一天动物们要开会，蜗牛在路上遇到了热心的乌龟。乌龟说："蜗牛兄弟，你到我背上来吧，我背着你去！"于是蜗牛爬到了乌龟背上，它们走了一会儿，遇到了一只翅膀受伤的麻雀，乌龟对麻雀说："你也到我背上来吧，我背着你去！"于是麻雀跳到了乌龟背上。蜗牛见到麻雀，关切地对麻雀说道："你可要站稳了，这位大哥的速度太快了！"

这个笑话的笑点在哪里？蜗牛每秒钟爬行 2 毫米，乌龟每秒钟爬行 2 厘米，麻雀每秒钟飞行 8 米，蜗牛以自己的速度为参照去评价乌龟的速度，当然是"太快了"，但如果以麻雀飞行速度为参照去对比乌龟的速度呢？乌龟爬行速度大小是蜗牛的 10 倍，麻雀飞行速度大小却是乌龟的 400 倍。

物体运动的距离（位移）和所用时间的比值即速度的大小，可以用算式表示为：$v = \dfrac{x}{t}$ 或 $v = \dfrac{\Delta x}{\Delta t}$。物理学中速度的常用单位是米 / 秒（m/s）。

　　除了米 / 秒（m/s）这个单位之外，人们还常常用另一个单位千米 / 时（km/h）来表示速度的大小。二者之间的关系是：1m/s=3.6km/h。下表是一些常见运动的速度数值。

| 常见的运动 | 速度 /m·s⁻¹ | 速度 /km·h⁻¹ |
|---|---|---|
| 人正常步行 | 1.2~1.6 | 4~6 |
| 长跑竞赛 | 5~6 | 18~22 |
| 公路自行车赛（弯道） | 10~12 | 36~44 |
| 猎鹰俯冲 / 雨燕飞行 | 30 | 108 |
| 波音 747 飞机飞行 | 250 | 900 |
| 声音传播（常温常压下） | 340 | 1224 |
| 战斗机飞行 | 500~600 | 1800~2200 |
| 地球公转（平均值） | 29800 | 107280 |

在一些居民小区里经常可以见到限速"5"（千米/时）的指示标牌，这个限速标准就是参照了人步行时的速度。从安全的角度来讲，居民小区里的车速当然是越低越好，如果所有的车辆都能够参照这个速度标准来行驶，车辆的速度和行人的速度相差无几，那么几乎不会有任何意外发生。实际上，小区 5 千米 / 时的限速是很难实现的，因为汽车刚进入前行状态时的速度就已超过时速 5 千米。交警部门工作人员也表示，小区限速牌主要起到提醒和警示的作用。

# 坐地日行八万里，巡天遥看一千河
## ——参照物

假如你正坐在椅子上看这本书，相对于椅子来说你是静止不动的，但是你以为你真的静止不动了吗？要知道，地球可是正在自转着，你正跟随着地球一起运动呢。地球自转在赤道上的线速度约为1675km/h，按照这个数值分析，便是所谓的"坐地日行八万里"。

由此我们可以看出，物体的静止是相对的，运动是绝对的。没有绝对静止的物体，只有相对静止的物体。

物体的运动具有相对性，分析某个物体的运动应指明参照物（或参考系）。事先选定假设不动的作为基准的物体叫作参照物，与参照物固连的整个可延伸空间即为参考系。任何物体都可做参照物，通常由研究问题的方便程度而定。选择不同的参照物来观察同一个物体，结论可能不同。通常选地面为参照物。

三个小朋友骑车去郊游，他们同一时间骑行在同一条平直的马路上，甲同学说："我感觉顺风，骑行真轻松！"乙同学说："我感觉没风啊！"丙同学却说："不对，分明是顶风呀！"那么，他们谁的骑行速度大呢？

最早提出"运动的相对性"问题的是近代科学之父——意大利的数学家、物理学家、天文学家伽利略。在中世纪的欧洲，托勒密的地球中心说长期以来占据着统治地位，而伽利略则拥护哥白尼的太阳中心说。当时的学者们强烈反对伽利略关于"地球在运动"的观点，其中一个重要的理由就是：我们感觉不到地球

在运动。实际上地球的自转速度是很大的，在赤道上达到了每秒 460 米。伽利略早在 1632 年就曾指出：坐在封闭的匀速运动的船舱内的人无法观察到船的运动，即船内的人对船的运动状态的判断与船外的人不同，这是因为它们选择了不同的参照物。我们感觉不到地球在运动，与我们乘坐匀速运动的船时感觉不到船在运动的道理是一样的。

写文章或诗作时，利用"运动的相对性"转换写作视角，会给作品带来更多的灵动性和意境。比如李白的一首唐诗《望天门山》这样写道："天门中断楚江开，碧水东流至此回。两岸青山相对出，孤帆一片日边来。"诗中的"两岸青山相对出"，研究的对象是"青山"，运动状态是"出"，相对于船来说青山是运动的；"孤帆一片日出来"，研究的对象是"孤帆"，运动状态是"来"，相对于地面（或两岸、青山）来说船是运动的。这种转换运动视角的写法能让读者生动地体会到鲜明的画面，如同身临优美开阔的意境之中。

在中国古代，对"运动的相对性"的理解还有相应的故事，比如成语"刻舟求剑"的故事家喻户晓，实际上大家都知道"舟已行矣，而剑不行"，不能用静止的眼光看问题啊。

# 一个微世纪有多长
## ——物理量及其倍数表示

很多物理学家的言谈既风趣又有内涵。著名物理学家恩利克·费米曾经说过：一堂课的标准授课时间（50 分钟）接近于一个微世纪。那么，你知道一个微世纪的时间具体有多长吗？解答这个问题，我们不仅需要知道时间（物理量）的概念，也需要知道单位前面加上表示倍数的"帽子"（词头）变成了多少。

1960 年第 11 届国际计量大会（其执行机构为国际计量局）通过了国际单位制（符号 SI，即广为熟知的米制）。在国际单位制中，单位被分成三类：基本单位、导出单位和辅助单位。七个严格定义的基本单位是：长度（米）、质量（千克）、时间（秒）、电流（安培）、热力学温度（开尔文）、物质的量（摩尔）和发光强度（坎德拉）。基本单位在量纲上彼此独立。导出单位则有很多，都是由基本单位组合起来而构成的。

此外，在国际单位制中规定了 20 个 SI 词头，用于构成 SI 单位的倍数单位。

### 国际单位制基本单位

| 量的名称 | 常用符号 | 单位名称 | 单位符号 | 单位定义 |
| --- | --- | --- | --- | --- |
| 长度 | $L$ | 米（公尺） | m | 1 米是光在真空中在 1/299792458 秒的时间间隔内的行程 |
| 质量 | $m$ | 千克（公斤） | kg | 1 千克是普朗克常量为 $6.62607015 \times 10^{-34}$ J·s 时的质量 |
| 时间 | $t$ | 秒 | s | 1 秒是铯 -133 原子基态两个超精细能级之间跃迁所对应的辐射的 9192631770 个周期的持续时间 |
| 电流 | $I$ | 安 [ 培 ] | A | 在真空中相距 1 米的两无限长而圆截面可忽略的平面直导线内通以相等的恒定电流，当每米导线上所受作用力为 $2 \times 10^{-7}$ 牛顿时，各导线上的电流为 1 安培 |
| 热力学温度 | $T$ | 开 [ 尔文 ] | K | 1 开尔文是水三相点热力学温度的 1/273.16 |
| 物质的量 | $n$ | 摩 [ 尔 ] | mol | 1 摩尔是一系统的物质的量，系统中所包含的基本微粒与 0.012 千克碳 -12 的原子数目相等 |
| 发光强度 | $Iv$ | 坎 [ 德拉 ] | cd | 1 坎德拉为一光源在给定方向的发光强度，光源发出频率为 $540 \times 10^{12}$ 赫兹的单色辐射，且在此方向上的辐射强度为 1/683 瓦特每球面度 |

## 国际单位制词头

| 倍数 | 词头 | 符号 | 英文 | 倍数 | 词头 | 符号 | 英文 |
|---|---|---|---|---|---|---|---|
| $10^{24}$ | 尧（它） | Y | Yotta | $10^{-1}$ | 分 | d | deci |
| $10^{21}$ | 泽（它） | Z | Zetta | $10^{-2}$ | 厘 | c | centi |
| $10^{18}$ | 艾（可萨） | E | Exa | $10^{-3}$ | 毫 | m | milli |
| $10^{15}$ | 拍（它） | P | Peta | $10^{-6}$ | 微 | μ | micro |
| $10^{12}$ | 太（拉） | T | Tera | $10^{-9}$ | 纳（诺） | n | nano |
| $10^{9}$ | 吉（咖） | G | Gega | $10^{-12}$ | 皮（可） | p | pico |
| $10^{6}$ | 兆 | M | Mega | $10^{-15}$ | 飞（母托） | f | femto |
| $10^{3}$ | 千 | k | kilo | $10^{-18}$ | 阿（诺） | a | anno |
| $10^{2}$ | 百 | h | hecto | $10^{-21}$ | 仄（普托） | z | zepto |
| $10^{1}$ | 十 | da | deka | $10^{-24}$ | 幺（科托） | y | yocto |

现在我们来算一算一个微世纪是多少分钟吧："微"代表 $10^{-6}$ 倍，"1 世纪"是 100 年，一年是 365 天，1 天有 24 小时，1 小时对应 60 分钟，所以：1 微世纪 $=10^{-6} \times 100 \times 365 \times 24 \times 60 = 52.56$ 分钟。现在你理解费米的话了吗？

**物理时空门**

# 时间的测量

在中学物理课程中，常用机械式秒表测量时间。

任何一个自身重复的现象均可作为时间的标准。在我国古代，人们用刻漏计时：在一容器中保持恒定水位，由通道向另一容器注水使液面升高，液体使浮子升起来指示时间。中国北宋的沈括设法减小温度影响黏性造成的误差，使计时达到较高精度。伽利略发现了摆的周期性，荷兰的惠更斯发明了擒纵机构保持摆的摆动，使得用摆这一周期现象计时成为可能。经过不断改进，用于实验室的精确的摆钟，其误差在一年中仅有

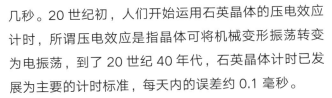

几秒。20 世纪初，人们开始运用石英晶体的压电效应计时，所谓压电效应是指晶体可将机械变形振荡转变为电振荡，到了 20 世纪 40 年代，石英晶体计时已发展为主要的计时标准，每天内的误差约 0.1 毫秒。

为满足更高的时间标准要求，人们发明了原子钟计时。在美国科罗拉多州的美国国家标准与技术局的一个原子钟被确立为协调世界时（UTC）的标准。1967 年第 13 届国际计量大会将铯 -133 原子钟定义为秒的标准：铯 -133 原子基态的两个超精细能级间

跃迁相对应辐射的 9192631770 个周期的持续时间为 1 秒。一般来讲，两个铯钟在运行 6000 年后相差将不超过 1 秒。更为精确的时钟还在研制中。

我们国家采用的北京时间由位于陕西西安的中国科学院国家授时中心负责确定和保持（即中国的原子时系统）。

**一些时间间隔的近似值**

| 研究对象 | 时间间隔 /s |
|---|---|
| 宇宙年龄 | $5 \times 10^{17}$ |
| 地月年龄 | $1.5 \times 10^{17}$ |
| 胡夫金字塔年龄 | $1 \times 10^{11}$ |
| 人的寿命 | $2 \times 10^9 \sim 3 \times 10^9$ |
| 一天的长度 | $9 \times 10^4$ |
| 波音 747 飞机北京—上海用时 | $7 \times 10^3$ |
| 人相邻两次心跳时间间隔 | $8 \times 10^{-1}$ |
| μ 子的半衰期 | $2 \times 10^{-6}$ |
| 核碰撞的时间间隔 | $1 \times 10^{-22}$ |
| 普朗克时间 | $1 \times 10^{-34}$ |

# 如何说明宇宙的腰围 ——长度的标准与 测量

乍看这张图，感觉左图中两条线段哪个长？右图中两个矩形哪个大？有的同学可能知道答案：线段一样长，矩形一样大（用尺子量量看）。感觉的结果与实际情况不符是视觉错觉造成的。在科学中可不能让错觉影响了精确度！那就需要认真做好测量这件事。

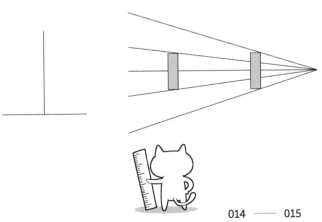

# "米"的发展过程

在国际单位制中，长度的基本单位是米（m）。

1790~1792年，新生的法兰西共和国建立了一套新的量度法则。这套量度的基础就是"米"，当时"米"定义为通过巴黎的地球子午线（经线）自北极至赤道距离的千万分之一，并用金属铂据此标准做出了标准米尺。后来由于做出的标准米尺变形情况严重，又改以铂铱合金（90%的铂和10%的铱）制造，被人们称作"米原器"。

19世纪末，一些国家在巴黎开会，公认"米"为通用的长度单位。被选定的铂铱合金米原器保存在巴黎国际计量局，它的强度高，温度和化学的稳定性都比较好，保证了较高的精确度（0.1微米）。由它校准的复制品送往全世界的标准化实验室。后来，随着测量精度的提高，人们发现通过巴黎子午线自北极至赤道的距离不是准确地等于$1 \times 10^7$m，于是科学界开始把视角转向别的方向，试图用自然界中的原子基准重新定义米单位。

1960年第11届国际计量大会对米单位做出了一个全新的定义标准。具体地讲，这项新标准是选取了氪-86原子（氪的一个特定同位素）在气体放电管中发出的某特定橙红色光的波长作为标准，将1米明确地规定为这种光的 1650763.73 个波长。选这个难记的波长数为标准是为使该新标准尽可能与以"米原器"为基础的旧标准相一致。

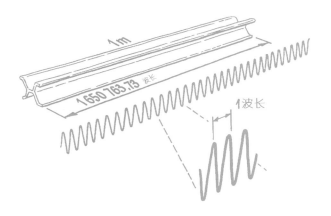

不过到了 1983 年，这种氪 -86 标准也难以满足科学研究对高精度的要求，人们采取了一种更独特的方法：将米重新定义为光在一特定时间间隔内传播的距离。在第 17 届国际计量大会上规定：1 米是光在真空中传播 1/299792458 秒所经路径的长度。这样选定时间间隔，光的速率可以精确写为：$c=299792458 \text{m/s}$。正因为光速的测量已经达到相当精确的水平，采用光速来重新定义米才具有意义。

知识卡片

人们在生产生活中使用的长度测量工具不需要像科学研究中那样高度精确，主要有刻度尺（含米尺、皮尺、钢卷尺）、游标卡尺和螺旋测微器（又叫千分尺）等。

# 更大的长度单位

　　目前人类观测到的宇宙拥有数十亿个星系，每个星系又由无数颗星体组成。我们的银河系就是其中的一个星系，一束光要穿越银河系大约需要十万年的时间。面对浩瀚的宇宙空间，人们常用"光年"和"天文单位"作为尺度来度量它的大小。

　　1光年等于光在1年中的行程，约为 $9.4605 \times 10^{15}$ m（试着算一算）。地球到太阳的平均距离为一个天文单位。1天文单位约等于1.496亿千米（ $1.496 \times 10^{11}$ 米）。

### 一些长度的近似值

| 研究对象 | 长度 /m | 研究对象 | 长度 /m |
| --- | --- | --- | --- |
| 宇宙 | $2 \times 10^{26}$ | 成年人身高 | $1.5 \times 10^{0} \sim 2.3 \times 10^{0}$ |
| 太阳系半径 | $6 \times 10^{12}$ | 这页纸的厚度 | $1 \times 10^{-4}$ |
| 地月距离 | $3.8 \times 10^{8}$ | 可见光波长 | $5 \times 10^{-7}$ |
| 地球半径 | $6.4 \times 10^{6}$ | 氢原子半径 | $5 \times 10^{-11}$ |
| 珠穆朗玛峰高度 | $8.85 \times 10^{3}$ | 质子直径 | $1 \times 10^{-15}$ |

# 速度起飞啦
## ——加速度

设想这样一幅画面：在雨后平直的铁轨旁边，一只蜗牛正在睡觉，这时匀速驶来一列快速列车，车轮与铁轨的撞击声吵醒了蜗牛，于是它起身另觅休憩之处。你知道吗？此时的蜗牛与列车相比较，有一项运动指标蜗牛竟然绝对胜出——蜗牛有加速度，而列车没有！

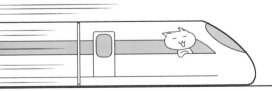

再问你一个问题：法拉利赛车和飓风战斗机比赛急加速启动，结果会怎样？2003 年 12 月 11 日，"F1 之王"迈克尔·舒马赫驾驶着法拉利 F2003-GA 赛车，在意大利格罗塞托空军基地的飞机场跑道上与著名战斗机飓风 2000 上演了一场真正的巅峰对决。法拉利赛车重 0.6 吨，飓风战斗机重 21 吨，由意大利功勋宇航员切里驾驶。法拉利 F2003-GA 时速可达 369 千米，而战斗机飓风 2000 最大时速可达 2450 千米。二者进行了 600 米、900 米和 1200 米的 3 次比试，在第一次距离最短的 600 米比赛中法拉利赛车竟然赢了！比赛中，飓风战斗机跑过 400 米时就已经起飞，车机竞速，场面极为刺激。上千名观众观摩了此场特殊的比赛，舒马赫说："这真是一次有趣的经历。比赛给我留下了深刻的印象。"虽然在后两次比赛中赛车落败，但你知道第一次赛车为何会赢吗？有同学会说：赛车加速快呀！那么问题来了：人们用什么来衡量加速的快慢呢？没错，正是加速度。

知识卡片

加速度是指速度的变化量与发生这一变化所用时间的比值，可以用算式表示为：$a = \dfrac{\Delta v}{\Delta t}$。在国际单位中其单位是米每二次方秒，即米 / 秒$^2$，符号是 m/s$^2$，是描述物体运动速度变化快慢的物理量，又称为速度的变化率。加速度恒定的直线运动称为匀变速直线运动。

　　加速度是描述速度变化快慢的物理量，所以如果一个物体的速度没有变化，即使速度很大也没有加速度；如果一个物体的速度有变化，即使速度很小也有加速度。前文中蜗牛开始爬，虽然速度小，但它有加速度；匀速驶来的快速列车速度很大，但它没有加速度！法拉利赛车在 600 米比试中战胜了战斗机也是因为其加速度大。当赛车加速到最大速度后开始匀速运动，加速度为零，而战斗机加速度略小于赛车，但可以持续加速较长时间，后面速度越来越快，所以在900 米和 1200 米的比试中战斗机获胜。

　　仔细思考赛车和飞机的比试过程你会发现，不论赛车还是飞机，在加速阶段都会有一段速度增加而加速度减小的过程，直到加速度为零，速度不再增加为止。所以在加速阶段"加速度减小"不意味着"速度减小"，而是意味着"速度增加变慢"，此时速度仍然继续增加。好比报纸上的一句话："近几年，国内房价飙升，在国家宏观政策调控下，房价上涨出现减缓趋势"，如果将房价的"上涨"类比成运动学中的"加速"，则我们可以认为"房价上涨出现减缓趋势"可以类比成"速度保持增加但加速度减小"，结论是房价并没有下跌，只是涨得慢了。异曲同工的是：1972 年，美国总统尼克松在谋求连任的竞选期间，称他在任内要让通货膨胀的加速度减慢。由此我们也可以看出，物理科学与社会科学共享同一套数学工具。

# 你听说过"死亡加速度"吗？

"死亡加速度"这个名词出现在西方的一些国家，其数值是重力加速度 $g$（约 $10m/s^2$）的 500 倍。这一数值主要用来警醒世人，交通事故发生时，汽车加速度若达这一数值，将造成人员严重伤亡。正常行驶的车辆（包括赛车）是达不到此值的。但发生交通事故时，如碰撞时间极短（毫秒数量级），可能导致加速度数值很大。

那么人类能承受的加速度数值有多大呢？有几个数据可以参考：

普通人坐过山车会承受大约 $5g$ 的加速度，虽然持续时间较短，但仍使一些人感到恶心难受。

宇航员经过长期训练可以在较长时间内承受 $8g$ 的加速度。

1954 年约翰·保罗·斯塔普博士在美国新墨西哥州创下人类有史以来最快的加速和停止纪录——他承受了 $46.2g$ 的加速度，坐在无风挡的火箭式滑撬车上进行的试验使他失明了两天，还弄断了肋骨、胳膊和手腕。他的研究结果表明只要有适合的姿态和防护装备，人体至少可以承受 $45g$ 的短时过载而不会死亡，但此数值基本上可以认为是人类的极限了。

从以上数值来看，"死亡加速度"绝对名副其实啊！同学们一定要把交通安全牢记在心。

# 蹦极前如何预测下落时间
## ——自由落体运动

蹦极是一项非常刺激的户外活动，是一项勇敢者的游戏，也是世界九大极限运动之一。在蹦极活动中，蹦极者站在高处，把一根一端固定的长长的橡皮绳绑在踝关节处，因为橡皮绳很长，所以当蹦极者两臂伸开，双腿并拢，头朝下跳下去之后，蹦极者可以在空中"享受"一段时间的"自由落体"。当人体落到离水面（或地面）一定距离时，橡皮绳被拉开、绷紧，使人体下落减速，到达最低点时，速度为零，橡皮绳回弹将人拉起，随后到达第二轮的最高点，蹦极者再次落下，这样反复多次，直到回弹停止，这就是蹦极的全过程。此过程令蹦极者不断产生失重和超重的感觉，尤其是在自由下落阶段，人体完全失重，使蹦极者突然处于高度应激状态，肾上腺素等激素瞬时大量分泌，让人感受到强烈的刺激。

那么，这个刺激的"瞬间"究竟有多长呢？

物体只在重力的作用下从静止开始下落运动，叫作自由落体运动。其性质是初速度为零的匀加速直线运动。实际问题中，空气阻力不大、可以忽略时，物体的下落也可近似为自由落体运动。自由落体运动的加速度恒等于重力加速度 $g$，一般情况下取 $g=9.8\text{m/s}^2$，近似计算取 $g=10\text{m/s}^2$。自由落体运动的末速度、运动时间与下落高度遵循以下规律：

$$v = gt = \sqrt{2gh}$$

$$t = \sqrt{\frac{2h}{g}}$$

蹦极高度一般都在 40 米以上，我们以中国最早的跳台蹦极——北京房山十渡蹦极为例加以分析。北京十渡景区于 1997 年在八渡麒麟山的悬崖上建成了国内首家蹦极跳台，距水面高度 48 米。1998 年，在原跳台旁边又建了一座 55 米高的跳台。我们来计算一下从跳台自由落体的时间吧！根据上面的规律公式可以算出，48 米和 55 米高度的自由落体时间约为 3.1 秒和 3.3 秒，末速度约为 30 米／秒和 33 米／秒，分别相当于 108 千米／时和 118.8 千米／时！考虑到橡皮绳的作用，实际在空中第一次自由落体距离小于跳台高度（末速度也相应地小于计算值），但由于蹦极全程包括多次自由落体运动，实际上总自由落体时间比我们计算的要长。在蹦极运动广受欢迎的新西兰，有一个南半球最高的蹦极跳台——"内维斯蹦极"，高度 134 米，自由落体时间 8.5 秒，而用公式计算出第一次自由落体的时间约为 5.2 秒。有些蹦极的跳台高度更高，如美国的皇家峡谷悬索桥蹦极，高达 321 米，这个高度可以让蹦极者体验到约 15 秒的自由落体总时间（公式计算第一次自由下落约 8 秒）和超过 250 千米／时的最大下落速度，想一想都很刺激吧！

# 物体做自由落体运动规律都一样吗？

答案是 YES！

你可能会有疑问：我们都知道，生活中纸片比石块落得慢呀？其实这是因为有空气阻力的影响。如果没有空气阻力，所有物体的下落情况的确是一样的。

这里给同学们介绍一个装置——牛顿管，它又叫作毛钱管（毛指羽毛，钱指铜钱），是一个长约 1 米的玻璃管，一端封闭，一端接抽气阀门，管内有羽毛、小球、小金属片（或小铜钱）等，用抽气机抽成真空并关闭阀门后，可以演示物体下落快慢与重力大小、物体形状无关，很神奇吧？

不过如果你在月球上，不借助牛顿管就可以完成这个实验——因为月球上是真空，完全没有空气的干扰。1971 年 7 月 26 日发射的"阿波罗"15 号飞船首次把一辆月球车送上月球，美国宇航员大卫·斯科特做了类似的实验，他在同一高度同时释放羽毛和铁锤，结果发现两者同时落地，表明锤子和羽毛加速度一样大，再一次证实了自由落体运动的规律。

# *g* 值是固定不变的吗?

答案是 NO!

自由落体运动中重力加速度 *g* 的值跟所处纬度有关,纬度越高,*g* 值越大。这本质上是由地球自转造成的。

根据自由落体的运动规律,可以用实验的方法测量重力加速度。科学家们在地球的不同地方做了很多精确的实验,实验表明,地球上不同地点的重力加速度数值并不一样,北极的数值就比赤道的数值大一些。下面是部分地区的重力加速度大小。

| 地点 | 赤道 | 广州 | 上海 | 北京 | 莫斯科 | 北极 |
|---|---|---|---|---|---|---|
| 纬度 | 0° | 23°06′ | 31°12′ | 39°56′ | 55°45′ | 90° |
| $g$ 值 /m·s$^{-2}$ | 9.780 | 9.788 | 9.794 | 9.801 | 9.816 | 9.832 |

**物理现场**

平时生活中，有的情况需要我们反应足够快，即反应时间足够短。所谓反应时间，是指我们接收到某种信息或刺激，到我们采取相应行动之间的时间间隔。你可以试试，找一位小伙伴和一把尺子来测量你的反应时间有多长。

请你的小伙伴竖直拿住直尺顶端，同时你用一只手对准直尺零刻度的位置，做好准备。注意你的手不能碰触直尺，另外眼睛看着直尺，而不是注意对方松手的情况。当对方放开手，你在发现直尺下落的瞬间马上握住。读出直尺下落高度，利用上面的知识，就可以算出自己的反应时间了。

人的反应时间一般在 0.2 秒以上，不超过 0.4 秒。经过训练者在某些事情上反应会更快，但最快的反应时间也不会少于 0.1 秒。

# 运动问题的一种分析工具
# ——图像

我们都知道汽车在道路上行驶要保持一定的安全车距，为了形象地表示停车距离与车速的关系，《驾驶员守则》给出了安全距离数值和示意图。假设驾驶员的反应时间为 0.9 秒，就可以根据反应时间和车速计算出反应距离，再综合刹车距离，推算出能够保证安全的停车距离。

| 车速 /km·h⁻¹ | 反应距离 /m | 刹车距离 /m | 停车距离 /m |
|---|---|---|---|
| 40 | 10 | 10 | 20 |
| 60 | 15 | 22.5 | 37.5 |
| 80 | 20 | 40 | 60 |

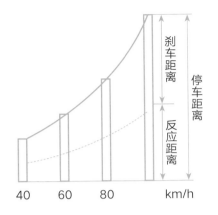

上面的表格和图示可以让驾驶员清楚地认识到车速对停车距离的影响。在物理课的学习中，图像作为一种形象的工具，不仅能为很多问题的研究带来方便，还能让同学们更清楚地看到问题的本质。下面我们来看看图像在运动问题中的简单应用吧！

# 匀速直线运动的图像

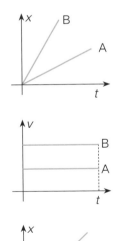

匀速直线运动在任意相等的时间间隔内发生的位移相同，拥有最简单的运动图像。其特点是速度不变，位移与时间成正比例，即 $x \propto t$。假如有 A、B 两个物体在同一条直线上做匀速直线运动，B 的速度比 A 大，它们的运动可用左侧图像表示。

根据速度定义，结合图像可得出，$v = \dfrac{\Delta x}{\Delta t} = \dfrac{x_0 - 0}{t_0 - 0} = \tan \alpha$，即位移图像斜率表示物体速度。

此外，匀速直线运动中，$x = vt$，即位移对应速度图像中矩形面积。

# 匀变速直线运动的图像

　　物体沿着一条直线，且加速度不变的运动，叫作匀变速直线运动。匀变速直线运动是所有变速运动中最简单的形式。匀变速直线运动分为匀加速直线运动和匀减速直线运动。因为加速度不变，所以匀变速直线运动的速度随时间均匀变化，即 $v = v_0 + at$。如果物体初速度为 0，速度可以写为：$v = at$。根据加速度定义，结合图像可同样得出速度图像的斜率表示物体的加速度。那么，位移怎样表达呢？我们可以借助图像工具采用无限分割法推导出位移的表达式。如图所示，物体以初速度 $v_0$ 做匀加速直线运动，经时间 $t$，发生的位移为多少？

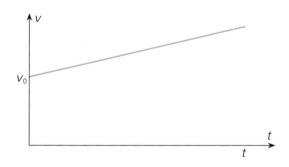

　　设想：把时间分成许多很小的时间间隔，在每一个小的时间间隔内物体都做匀速直线运动，其位移在数值上等于相应时间间隔内速度图像下方窄条矩形的面积，时间分割越细，设想的运动就越接近真实的运动。通过这种无限分割逐渐逼近的方法，可得出物体在时间 $t$ 内发生的位移在数值上等于速度图像下方梯形的面积，即推导出了位移的表达式：$x = v_0 t + \dfrac{1}{2} a t^2$。

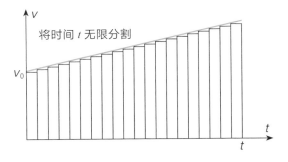

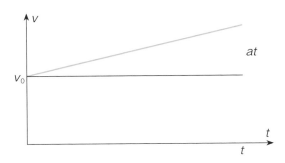

# 45°射程最大一定正确吗？

## ——抛体运动初探

两位同学正在为体育课上即将进行的掷实心球项目争论不休。同学 A 认为，为了取得好成绩，应将实心球按与水平成 45° 的方向掷出，因为大人们经常这样说；同学 B 则认为前面的观点不对，不同的人应该不一样。究竟谁的说法是对的呢？让我们来做一些分析吧。

物体以一定初速度抛出后，若忽略空气阻力，且物体运动在地表附近，它的运动高度远远小于地球半径，则在运动过程中，其加速度恒为竖直向下的重力加速度。因此，抛体运动是一种加速度恒定的曲线运动。抛体运动可分为竖直上抛运动、竖直下抛运动、平抛运动和斜抛运动。对抛体问题的研究，一般应用运动的合成与分解思想。

物理时空门

一个运动可以看成由几个各自独立进行的运动叠加而成，这称为运动的叠加原理。

　　根据运动的叠加原理，抛体运动可看成是由两个直线运动叠加而成。常见的处理方法是：将抛体运动分解为水平方向的匀速直线运动（初速度 $v_{0x}=v_0\cos\theta$），以及竖直方向的匀变速直线运动（初速度 $v_{0y}=v_0\sin\theta$）。如图，取抛物轨迹所在平面为坐标轴平面，抛出点为坐标原点，水平方向为 $x$ 轴，竖直方向为 $y$ 轴，则抛体运动规律为：

水平方向位移 $x=v_0\cos\theta\cdot t$

竖直方向位移 $y=v_0\sin\theta\cdot t-\dfrac{1}{2}gt^2$

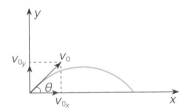

　　消去 $t$ 可得其轨迹方程为 $y=x\tan\theta-\dfrac{g}{2v_0^2\cos^2\theta}x^2$，是开口向下的二次函数。因此人们把二次函数图像叫作抛物线。

抛体运动具有对称性，抛出点和落地点位于同一水平面时，上升时间和下降时间相等；上升与下降经同一高度时，速度大小相等，速度方向与水平方向的夹角大小也相等。抛出点和落地点在同一水平面时，飞行时间 $T$，射高 $H$ 和射程 $R$ 的计算公式分别为：

$$T = \frac{2v_0 \sin\theta}{g}$$

$$H = \frac{v_0^2 \sin^2\theta}{2g}$$

$$R = \frac{v_0^2 \sin 2\theta}{g}$$

初速度沿水平方向的抛体运动称为平抛。平抛的分析方法与斜抛是一样的。

# 45°射程最大一定正确吗？

答案是：要看情况！

以一定初速度抛出的物体，能获得最大射程的射角叫作最大射程角。从前面射程的表达式可以看出，当 $\theta = 45°$ 时，$\sin 2\theta = 1$，$R$ 取得最大值 $R = \frac{v_0^2}{g}$，这就是人们常说的"45°射程最大"的原因。但这一结论前提是抛出点和落地点在同一水平面（并且要忽略空气阻力）。掷实心球的情况显然不符合这一点：其抛出点高于落地点，而高度差则取决于投掷者的身高和臂长。

所以前文同学 A 的说法是不正确的，在忽略空气阻力的情况下，中学生掷实心球的最大射程角在 42.5°附近。

# 空气阻力的影响

事实上，在发射炮弹或射击时，空气阻力对于射程的影响十分明显。

当空气阻力对弹丸射程的影响占主导地位时，其最大射程角小于 45°。比如对于步枪来说，由于弹丸飞行速度受空气阻力影响很大，它的最大射程角只有 30° 左右。当飞行时间对弹丸射程的影响占主导地位时，最大射程角则大于 45°。比如大口径高初速的远射程火炮，当其以大于 45° 的射角射击时，弹丸可以穿过稠密的大气层，以低阻力在空气稀薄的高空飞行，延长了飞行时间，进而获得较大的射程。

一战末期，德国做出了一种具有超远射程的大炮。在 1918 年被用于轰炸巴黎，造成数百人伤亡，故被称作"巴黎大炮"。其口径为 210 毫米，初速为 1700 米／秒，弹重为 125 千克。当其达到 127 千米的最大射程时，弹丸的最大飞行高度可达 39 千米，空中飞行时间长达 3.5 分钟。它的最大射程角是 53°。

# 摆钟的原理
## ——简谐运动的应用

你见过摆钟和小机械闹钟的内部结构吗？看过里面的齿轮和弹簧发条后，是否会感叹"原来这么复杂"！虽然时钟内部结构复杂，但其中的原理其实并不深奥。机械闹钟主要利用发条恢复形变所放出的能量，让互相咬合的齿轮带动指针运动实现计时。而摆钟的工作，则离不开一个重要的物理规律——简谐运动的等周期性。

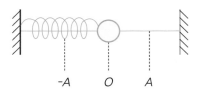

-A     O     A

　　图中的装置叫作弹簧振子，在弹簧弹性限度内，如果不计摩擦阻力，振子（小球）可以在 -A 与 A 之间做周期性的往复运动，这种运动在物理学中称为简谐运动。图中振子离开平衡位置 O 的最大距离叫作振幅。它是表示振动强弱的物理量，振幅越大，振动越强。振子从 O 点到 -A，再运动到 A，最后回到 O 点的振动过程称为一次全振动。做简谐运动的物体完成一次全振动的时长叫作周期，用 T 表示。单位时间内完成全振动的次数，叫作振动频率，用 f 表示。研究和计算都表明，简谐运动的周期是 $T = 2\pi\sqrt{\dfrac{m}{k}}$，与振幅无关，m 是振动物体质量，k 是振动系统固有常数。

# 摆的等时性

　　下图中的装置叫单摆（就像日常生活中的秋千一样），细线连着质量为 m 的小球悬挂在 A 点，当悬挂的小球在最低点附近做小角度往复摆动时，可以看成

简谐运动，其运动规律同弹簧振子运动规律一致。研究表明，单摆振动系统固有常数 $k = \dfrac{mg}{l}$（$l$ 为摆长，即悬点到小球球心距离），所以其周期为 $T = 2\pi\sqrt{\dfrac{l}{g}}$，即单摆摆动周期只和摆长及重力加速度有关，与振幅、摆球质量无关。人们就是利用这一规律制作了摆钟。

1583 年，意大利物理学家伽利略发现了摆的等时性。1657 年，荷兰物理学家惠更斯利用摆的等时性原理发明了摆钟，后经不断改进沿用至今。

摆钟摆动的部分叫作钟摆，大多数摆钟的钟摆每秒钟摆动一次，有一种小布谷鸟钟的钟摆可以每秒摆动两次，也有些大座钟的钟摆每两秒摆动一次。不论摆动周期多大，每个摆钟的周期都是确定的。钟摆每摆动一次，表的指针就转过一个固定的角度，实现计时。

由于钟摆摆动时受到阻力作用，如果没有动力补给，钟摆振幅会逐渐减小，最终会慢慢停下来，这样的运动在物理学中称为阻尼振动。为了实现摆钟计时的持续性，需要给钟摆补充能量，这就是摆钟需要定期上发条或者使用电力的原因。

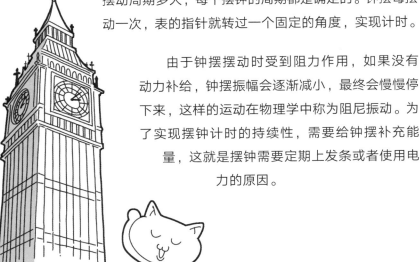

# 脑洞物理学

**1** 观察周围环境，举出几个参照物概念在日常生活中应用的例子

**2** 找一块机械秒表，研究其使用方法

测量自己快速朗读一篇文章的时间，并计算每分钟朗读的文字量。然后观看一段新闻，并用家长的手机录下来，统计播音员一分钟内播报的文字量。谁的朗读速度更快？

读完本章内容，同学们可以尝试探索以下课题，展开自主研究，体验物理学魅力。

## 3 从楼房 25 层落下的小石块，到地面时速度是多大？

接下来，如果小石块与地面作用 0.1 秒就停下，这个减速过程中的加速度是多大，是自由落体加速度的多少倍呢？

（提示：中国《住宅设计规范》中关于层高的规定：普通住宅层高宜为 2.80 米。通过计算结果，能切实感到高空坠物有多么危险了吧？）

## 4 想一想，如何测量人体指甲的生长速度？

然后，如果按照你测量的结果，一年不剪指甲的话，指甲会长到多长？

（小知识：指甲生长速度不仅因人而异，且受年龄、气候、昼夜循环、营养、性别等因素影响。五根手指之间，指甲生长速度一般也不同。另外，手指甲的生长要快于脚指甲。）

# 5 在外出旅行时，自己测量列车行驶的速度

中国的高速铁路是电气化铁路。列车行驶时，每过一两秒，窗外就会闪过一根电线杆。如果我们知道了电线杆间距，其实就可以利用简单的时间测量，计算出火车的行驶速度了。可以与列车屏幕上显示的速度核对答案哦。

（提示："电线杆"其实是铁路接触网的支柱。铁路接触网是沿铁路线架设的向电力机车供电的输电线路。支柱间距叫作跨距，在大多数区域中是 65 米。）

# 6 查阅地球板块构造理论相关资料，并撰写一篇小论文

（内容提示：板块构造理论的核心观点，地球板块缓慢漂移的原因，某一板块的漂移速率，十万年后地球板块的分布与现在的差异等。板块的移动虽然十分缓慢，但时间的力量是巨大的。）

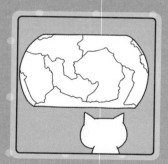

# 学霸笔记

## 1 参考系

在描述物体运动时，假定不动用来做参考的物体。

## 2 质点

用来代替物体的有质量的点。它是一种理想化模型。研究物体运动时，如果物体形状和大小对研究结果影响可忽略，就可视作质点。

理想化模型是分析、解决物理问题常用的方法，它是对实际问题的科学抽象，可以使一些复杂的物理问题简单化。物理学中理想化的模型有很多，如质点、轻杆、光滑平面、自由落体运动、点电荷、纯电阻电路等，都是突出主要因素、忽略次要因素的物理模型。

## 3 位移和路程

|  | 定义 | 区别 | 联系 |
|---|---|---|---|
| 位移 | 位移表示质点位置的变化，可用由初位置指向末位置的有向线段表示 | 位移是矢量，方向由初位置指向末位置；路程是标量，没有方向。位移与路径无关，路程与路径有关 | 在单向直线运动中，位移的大小等于路程；一般情况下，位移的大小小于路程 |
| 路程 | 路程是质点运动轨迹的长度 | | |

# 4 速度和加速度

## 4.1 速度

① 平均速度

定义：运动物体位移与所用时间的比值。

物理意义：描述物体运动快慢。

方向：与物体位移方向相同。

② 瞬时速度

定义：运动物体在某位置或某时刻的速度。

物理意义：精确描述物体在某时刻或某位置的运动快慢。

方向：与该位置或该时刻物体运动方向相同。

③ 平均速率与瞬时速率

平均速率：运动物体路程与所用时间的比值。

瞬时速率：运动物体瞬时速度的大小，简称速率。

### 4.2 加速度

定义：速度变化量与发生这一变化所用时间的比值。

物理意义：描述速度变化的快慢。

方向：与速度变化量方向相同。根据速度与加速度方向间关系，可判断物体是在加速还是减速。

# 5. 匀变速直线运动

速度与时间关系：$v = v_0 + at$。

位移与时间关系：$x = v_0 t + \dfrac{1}{2}at^2$。

# 6. 自由落体运动

定义：初速度为零，只受重力作用的匀加速直线运动，即 $v_0 = 0$，$a = g$。

规律：$v = gt$，$h = \dfrac{1}{2}gt^2$，$v^2 = 2gh$。

# 7. 形状一致的 $x$-$t$ 图像和 $v$-$t$ 图像的比较

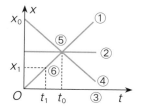 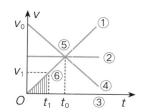

| | $x$-$t$ 图像 | $v$-$t$ 图像 |
|---|---|---|
| ① | 表示物体做匀速直线运动，斜率表示速度 $v$ | 表示物体做匀加速直线运动，斜率表示加速度 $a$ |
| ② | 表示物体静止 | 表示物体做匀速直线运动 |
| ③ | 表示物体静止在原点 $O$ | 表示物体静止 |
| ④ | 表示物体沿负方向做匀速直线运动，初位置为 $x_0$ | 表示物体做匀减速直线运动，初速度为 $v_0$ |
| ⑤ | 交点纵坐标表示三个运动物体相遇时位置 | 交点纵坐标表示三个运动物体的共同速度 |
| ⑥ | $0 \sim t_1$ 时间内物体位移为 $x_1$ | $t_1$ 时刻物体速度为 $v_1$，阴影部分面积表示物体在 $0 \sim t_1$ 时间内的位移 |

# 力与牛顿
# 运动定律

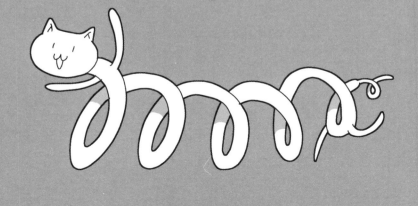

# To 同学们：

　　力是贯穿整个物理学的一条重要主线，运动是物理学研究的主要内容之一，力和运动的关系是力学部分的核心内容。其中，许多基本规律和科学思维方法在力学中，甚至在整个物理学中都是相当重要的。中学生在学习中将研究的运动有匀速直线运动、匀变速直线运动、匀变速曲线运动（平抛运动）、匀速圆周运动、简谐运动等，而将会遇到的力有场力（万有引力、电场力、磁场力）、弹力、摩擦力、分子力、核力等。力具有相互性（作用力与反作用力，且具有同时性）、矢量性（力不仅有大小且有方向，运算遵循平行四边形定则），力还具有作用的瞬时性（牛顿第二定律），对时间和空间的积累性（动能定理和动量定理）及作用的独立性等。

　　本章我们就来谈谈力与牛顿运动定律的有关知识吧！

# 本章要点

重力

弹力

摩擦力

浮力

惯性

牛顿三定律

圆周运动

开普勒三定律

万有引力定律

人造卫星的运动

# 不倒翁的秘密
## ——重力、重心与平衡状态

"一个公公精神好，从早到晚不睡觉，身体虽小稳定好，千人万人推不倒。"

这个谜语讲的是一种有趣的小玩具，无论你怎么使劲推它都不会倒，甚至你把它横过来放，倔强的它又会站立在你的面前。对，就是不倒翁。那么，不倒翁为什么不会倒呢？

# 重力与重心

地球上一切物体都受到由于地球的吸引而产生的重力，重力大小与物体质量成正比，表达式为 $G = mg$，其中的比例系数即为重力加速度 $g$。重力的方向总是竖直向下的，也就是说与水平面垂直向下。重力的单位是牛顿（符号 N）。需要区分的是，我们日常生活中说的"重量"，通常代表物体的质量。

物体的每一部分都受重力作用，分析问题时，我们可以认为重力集中作用于一点——物体的重心。一个物体重心的位置与物体的质量分布和几何形状有关。质量均匀分布且形状规则的物体，重心位于其几何中心。

# 不倒翁的秘密①

水平面上的物体保持平衡（保持直立姿势不倒下）的条件是：从物体重心向下引出的竖直线在水平面对物体支承的底面范围内。

回到不倒翁的问题。不倒翁都是上轻下重，底部有一个较重的配重块，重心低。观察不同的不倒翁玩具，你会发现它们在外形上有一个共同点：不倒翁的下部都做成了类似蛋壳的半球状，这样的设计是为了扩大不倒翁的支承底面。重点就在这里：当它受力向一边倾斜时，从它的重心向下引出的竖直线还在水平面对它支承的底面范围内，所以它不会倾倒。

# 原来我只是没有摔倒?！……

人可以用双脚稳稳地站立在地面上，也是因为从人的重心引下的竖直线在地面对两脚所形成的支承底面范围内，而单脚站立更困难的原因就在于地面对脚的支承面小了很多。杂技项目"顶竿"重要的成功技巧是要保持从长竿重心引出的竖直线在表演者对竿下端形成的支承面范围内，也是同样的道理。

醉汉走路摇摇晃晃而没有跌倒，原因是类似的。说起走路，我们容易发现人的重心竖直线肯定会超出双脚的底面范围，但人为什么没有摔倒呢？这是因为：人往前迈步，假如是左脚迈出，重心竖直线超出了右脚的底面范围，人就要向前倒，当这个跌倒还没实际发生时，迈出的左脚就已经落在前方地面上了，重心竖直线又重新落回到双脚的底面范围。这样就实现了人向前迈一步，但身体并没倒下。实际上走路就是不断向前倾倒，但在跌倒前，人的动作又使人及时满足了在水平面上保持直立姿势不倒下的条件。

# 不倒翁的秘密②：平衡状态

不倒翁受力倾斜后为什么还会摆回来呢？这就要用另外的知识来解释了。在外力去除后，不倒翁能自行回复到平衡状态，说明不倒翁具有一种抵抗外力干扰保持平衡的能力，这就是平衡的稳定性。常见的物体平衡状态可分为三种类型：稳定平衡、不稳定平衡和随遇平衡。

稳定平衡：在被移动离开平衡位置后，仍能恢复到原来平衡状态的物体，原来所处的平衡状态叫"稳定平衡"。典型实例是一个圆球体在一个凹型小槽中的情形。

不稳定平衡：在被移动离开平衡位置后，不能恢复到原来平衡状态的物体，原来所处的平衡状态叫"不稳定平衡"。典型实例是一个圆球体放在一个凸面上的情形。

随遇平衡：在被移动离开平衡位置后，能在新的位置重新平衡的物体，原来所处的平衡状态叫"随遇平衡"。典型实例是一个圆球体在一水平平面上的情形。

　　一个简单的判断方式是看物体离开原平衡位置后其重心的升降情况：物体离开原平衡位置后其重心升高的是稳定平衡；物体离开原平衡位置后其重心降低的是不稳定平衡；物体离开原平衡位置后其重心高度不变的是随遇平衡。

　　再回到"不倒翁为什么会摆回来"的问题。不倒翁的结构使得它在水平面上时处于稳定平衡，即只要受到外力作用离开原平衡位置，其重心将升高，一旦外力作用消失，它就要恢复到原来的平衡状态，于是就表现为往回摆。具体原理是这样的：不倒翁倾斜时受到两个力矩作用，一是外力形成的干扰力矩，另一个是由自身重力形成的抵抗力矩。抵抗力矩和干扰力矩方向相反，当干扰力矩消失，抵抗力矩就会把不倒翁往回拉。直立时不倒翁重力作用线和支承点位于同一直线上，故重力力矩为零。一旦不倒翁受外力作用发生倾斜，重力作用线和新的支承点不在同一直线上，重力力矩就随之产生。

力矩是表示力对物体作用时产生的转动效应的物理量。力和力臂的向量积为力矩。力臂则是力的作用线到转动轴的垂直距离。与动力对应的力臂叫动力臂，与阻力对应的力臂叫阻力臂。想一想，不倒翁被推倒时，重力的力臂是如何变化的？

最后再举一个现实中的例子。你听说过"空中悬挂列车"吗？空中悬挂列车是以车厢悬挂的方式在空中轨道下方运行的列车，看起来好像很危险，不过从平衡角度讲，它比双轨火车还要稳定。因为空中悬挂列车处于稳定平衡状态，而普通列车处于随遇平衡状态。在德国，悬挂式空列已有百年发展历史。同地铁及轻轨相比，悬挂式空列还有造价低、噪音低、通过性高等特点。

# 形变相同，
# 疼痛度不同……
## ——压力的规律

在一次世界杯排球比赛中，中国队的主攻手王一梅一个大力扣杀击中日本球员木村纱织，后者被当场击晕倒地。日本电视台更是以"中国队终极武器"为题，播出了中国队员王一梅的扣球视频，并在场外做了实况测试，总共进行了三轮：第一次以相同球速射出排球，测得王一梅一记重扣大约相当于质量为150kg 的物体所产生的冲击力；随后用厚约 1.5cm 的木板测试，在球击中的瞬间，木板立刻断裂；第三次用空手道专用的瓦块测试王一梅的扣球破坏力，5 块专用瓦块被同样速度的排球击中，有 4 块瞬间被击碎。这种暴扣的力量让在场的主持人瞠目结舌，忍不住感叹："木村该会有多疼啊！"

　　所以，同学们进行体育运动也要注意安全哦。不过，从物理学的角度，该如何测量排球击打在地面上的瞬时作用力呢？其实通过简单的实验就可以做到，这就要用到有关弹力的知识了。

# 弹力与胡克定律

　　物体受力会发生形变。形变分为弹性形变和塑性形变。撤去外力作用后能恢复原状的形变叫弹性形变；

撤去外力作用后不能恢复原状的形变叫塑性形变，也叫范性形变。物理学中把发生形变的物体由于要恢复原状而对与它接触的物体产生的作用力叫作弹力，通常所说的压力、拉力、支持力和张力等都属于弹力。

物体受到外力作用时，在不超过某一极限值的情况下，若外力作用停止，其形变可全部消失而恢复原状，这个极限值称为"弹性限度"。弹性限度也称为"弹性极限"。17 世纪英国杰出的科学家胡克曾指出：在弹性限度内，弹力和弹簧形变大小（伸长或缩短的量）成正比，此即物理学中的胡克定律。这一定律也可以适用于其他的一些物体。胡克定律的表达式是 $F=kx$。式中 $k$ 是弹簧的劲度系数，单位是牛顿/米，用符号 N/m 表示；$k$ 的大小由弹簧自身性质决定；$x$ 是弹簧长度的变化量，而不是弹簧形变以后的长度。

# 利用等效原理测量弹力大小

物理规律告诉我们，弹力（如压力）会使物体发生形变，形变量的大小与施加的力的大小有关，压力越大，形变就越大。我们可以利用这一点来测量排球击打地面的瞬时作用力。

准备好一台电子秤、一张纸和一盆水，首先把纸在水平地面上铺好，让排球蘸上水，然后用力朝着地上的纸击打排球，被排球击打后的白纸便会留下一个圆形的水印。接下来，把这张纸平铺在电子秤上，拿来刚才的排球放在纸上，注意要保证开始的接触点在圆形水印的中心，然后用力慢慢向下挤压排球，直到排球跟纸接触的下底面与纸上的水印重合。此时，电子秤受力就与排球击打地面的瞬时作用力大小一致，我们读取示数即可。怎么样，很简单吧？

上述方法是利用等效原理进行的测量，等效原理可以把不易测量的量间接测出来，是物理学中的一个重要原理。比如在"曹冲称象"的故事里，小天才曹冲就是使用等效原理称出了大象的质量。

# 科学家故事：
# 多才多艺的胡克

胡克定律只是这位涉猎广泛的科学家众多贡献中的一项。

罗伯特·胡克，英国科学家、发明家，1635 年出生。他从小体弱多病，但心灵手巧，喜欢动手做机械玩具。10 岁时，他对机械学产生了强烈兴趣，为日后在实验物理学方面的发展打下良好基础。1648 年父亲逝世后，胡克被送到伦敦一个油画匠家里当学徒。后来在威斯特敏斯特学校校长帮助下修完中学课程。中学期间仅用一周时间就读完了欧几里得《几何原本》前六卷，并马上把数学知识应用到机械设计中，做出 12 种机械结构和 30 种飞行方法的设计。

1653 年，胡克进入牛津大学学习，结识了一些颇有才华的科学界人士，这些人后来大都成为英国皇家学会骨干。大学期间胡克热心于参加医生和学者活动小组，显露出独特的实验才能。1655 年，胡克被推荐给化学家玻意耳当助手，进入其实验室工作。从 1661 年起，参加皇家学会研究重力本质的专门委员会的活动。1663 年，获得硕士学位，并当选皇家学会会员，同年起草了皇家学会章程草案。1665 年，担任格列夏姆学院几何学、地质学教授，并从事天文观测工作，同年发表《显微图集》一书。1666年伦敦大火后，他担任测量员及伦敦市政检察官，参加伦敦重建工作，参与设计了大半个城市的重要建筑和城市管线。

1676年，胡克发表了著名的弹性定律。在万有引力定律的发现中，他实际也起了重要作用。1679年胡克写信给牛顿，在信中指正了牛顿的错误——牛顿认为引力是不随距离变化的常量。胡克给出了万有引力与距离平方应成反比的正确结论。牛顿没有回信，但接受了胡克的观点，稍后在开普勒关于行星运动的第三定律基础上用数学方法导出了万有引力定律。1686年牛顿将载有万有引力定律的《自然哲学的数学原理》第一卷稿件送给英国皇家学会时，胡克要求牛顿承认他对于"平方反比定律"的优先权，牛顿断然拒绝，并在书中删掉了大多数提到胡克的话。

自1677年起胡克就任英国皇家学会秘书并负责出版皇家学会会刊。他规定学会的宗旨是"靠实验来改进有关自然界诸事物的知识，以及一切有关的艺术、制造、实用机械、发动机和新发明"。胡克作为该学会的实验工作与日常事务操办人，在长达20多年的学会活动中，接触并深入到当时自然科学最活跃的前沿领域，且均做出自己的贡献。

1703年，胡克因病逝世于伦敦，终年68岁。

# 假如我们的世界不存在摩擦力
## ——谈谈摩擦的种类与规律

摩擦力在我们生活的世界中无处不在，可以说衣食住行处处都离不开它。不过你是否有时会觉得摩擦力很烦——一个光滑的世界该有多好啊！那就想象一下吧，假如世界没有了摩擦力，你的生活会变成什么样子呢？

**消失的摩擦力**

我真诚地希望摩擦力赶快消失。

因为没有了摩擦力，拉重物就不会觉得费力，磁悬浮列车和火箭速度可以更快，返回舱穿越大气层也不会与空气摩擦而生热。人类不用再洗手，因为手上面很干净，细菌都滑下去了。打火机也会打不着，抽烟的人就没办法点火了，只好纷纷戒烟。

真希望摩擦力赶快消失啊！我这样想着，突然，摩擦力真的消失了！

今天是星期六，所以我要去上二胡课。没想到刚迈出一脚，一下就滑倒了。经过多次反复站起又滑倒后，我放弃了去上课的想法，只好向老师请了假，自己在家里练习。我想把二胡从盒子里拿出来，可是却怎样也不能翻开盒盖。在一次次的失败之后，我成功了。本以为应该可以顺利进行下去了，可是拦路虎却又接二连三地出现：我坐在一把木椅子上，准备开始练，可是钉子和木头之间没有了摩擦力，咣当一下散架了，差点把屁股摔成八瓣！为了防止这样的意外再发生，我又找了把塑料椅，这样总没事了吧。可是最后我发现，无论怎样也不可能把二胡竖着握住，它一次又一次无止境地滑下去，最后我放弃了，在椅子上坐了一整天。

这就是我的周末。没有摩擦力的世界真麻烦！

　　这篇小作文有趣吗？不过在阅读过程中你可能已经发现了，文中的一些细节并不符合物理规律。假如没有摩擦力，滑倒的人是无法站起来的，另外无论尝试多少次，也不可能打开乐器的盒盖。没有了摩擦力，不仅木椅子会散架，坐在塑料椅子上也同样行不通。还有，你也无法将二胡拿起，所以也不存在二胡竖起来又滑下去的现象。

# 摩擦与摩擦力

摩擦分为静摩擦、滚动摩擦、滑动摩擦三种。摩擦力是指相互接触且挤压的粗糙物体间有相对运动或相对运动趋势时，在接触面上产生的阻碍相对运动或相对运动趋势的力。摩擦力的方向总与相对运动或相对运动趋势方向相反，但与物体的运动方向不一定相反，在实际的复杂问题中，摩擦力方向可以与物体运动方向成任意角度。

摩擦力可以是阻力，也可以是动力。倾斜的传送带向上运送物体的摩擦力就是动力。受静摩擦力作用的物体不一定静止，受滑动摩擦力作用的物体不一定运动。接触面处有摩擦力时一定有弹力，且弹力与摩擦力方向总是垂直的，反之则不一定成立。

接触面材料一定时，滑动摩擦力大小与压力成正比，与物体运动快慢无关，与物体间接触面积大小也无关。表示滑动摩擦力大小的公式为：$f = \mu F_N$，式中希腊字母 $\mu$（音 miù）是比例系数，称为动摩擦因数或摩擦系数，它的大小取决于接触面的属性。此公式是 1699 年法国物理学家阿芒顿提出的，故称为阿芒顿定律。

滚动摩擦力，是物体滚动时（接触面一直在变化）所受的摩擦力。它实质上是静摩擦力（想一想为什么）。同样的压力下，物体之间的滚动摩擦力远小于滑动摩擦力。骑过自行车的同学都知道，当自行车胎没气的时候骑起来比较吃力。你知道这是为什么吗？因为自行车在前行时受到滚动摩擦力的阻碍，而滚动摩擦力有个特点，就是接触面越软，即形状变化越大时，滚动摩擦力就越大。

物体受到的静摩擦力随着其他力变化而变化，当静摩擦力增大到最大静摩擦时，物体就会运动起来。因此静摩擦力数值在一个范围内，即 $0 < f \leqslant f_{max}$。静摩擦力大小与压力无关，但最大静摩擦力大小正比于压力。最大静摩擦力是略大于滑动摩擦力的。

# 有时"拒绝粗糙"，
# 永远"必不可少"

　　摩擦力对我们的生活有利有弊，所以我们有些地方要利用摩擦，有些地方却要减小摩擦。以自行车为例，自行车的轮胎、脚蹬、把套、刹车橡皮及各处紧固螺丝等都要利用摩擦，而前轴、中轴、后轴、把轴、脚蹬轴等各种需要转动的地方都要减小摩擦。

　　体育运动也与摩擦力有关，有的运动跟摩擦力的关系非常密切。在被称作"冰上国际象棋"的冰壶运动中，刷冰员持毛刷在冰壶滑行的前方快速左右擦刷冰面可控制冰壶准确到达营垒的中心。游泳比赛中，专业运动员常穿着特制的"鲨鱼皮"游泳衣，减小水的摩擦力（即水的阻力），有助于提高成绩。体操运动员做单双杠前和举重运动员抓杠铃前都会在手上抹上碳酸镁粉，目的是加大手掌和器械接触面之间的摩擦力。在草场上踢足球的运动员穿的鞋都是长钉足球鞋，能克服平底鞋摩擦小易滑倒的不足。

最后，我们来看看一位物理学家对摩擦现象做的生动描写：

　　有时我们走上结冰的路面，为了保持身体不跌倒，得花费多少力气，为了站稳又得做多少可笑的动作。这使我们不得不承认，平时所走的路面有一种宝贵的性质，由于这种性质，我们才不必特别用力就能保持平衡。在应用力学里，我们常常把摩擦说成是不好的现象，这当然是对的，可是也只有在几个特定的领域里才是对的。至于别的一些情况，我们应当感谢摩擦：它使我们能毫不提心吊胆地走路、坐在椅子上工作，它使书和笔不会落在地板上，使桌子不会自己滑向墙角，也使笔不从你的手里滑落。摩擦是一种非常普遍的现象，多数情况下，我们不用去寻找它，它自己就会来帮我们的忙。如果没有了摩擦，任何建筑都不可能被建造起来，螺钉会从墙上滑出来，我们的手也不能拿起任何东西，一旦风起了便永远不会平息……

# 友谊的小船翻了，此时液面如何变化？——阿基米德原理

　　友谊的小船有时说翻就翻……那就来做个"翻船"实验吧！想象一下，如果你从小船上掉下去，并且不会游泳，那么你就会慢慢沉入水底……别急！你穿着潜水服呢，这下没有生命危险了，热爱物理学的你暂时忘记了友谊的问题，在水底陷入沉思：自己沉入水中后的水面跟船翻之前的水面相比，是上升了还是下降了？还是说没有变化？

# 浮力与阿基米德原理

浸在液体中的物体受到液体的浮力大小等于物体所排开液体的重力。这个规律是阿基米德首先提出的，故称为阿基米德原理。这一结论对部分浸入液体和完全浸没在液体中的物体都是成立的，对于浸在气体中的物体也成立。阿基米德原理可以用公式表示为：

$$F_浮 = G_{排液} = m_排 g = \rho_液 g V_排$$

其中，密度 $\rho$ 是指物体质量与体积的比值。

我们对前述问题做一下分析。船翻之前，人和船静止在水面上，总浮力（即排开的水的重力）等于总重力；船翻后，人沉入水底会受到水底地面的支持力，人受的支持力和浮力加上船受到的浮力等于总重力，新的总浮力小于总重力。因此总浮力减小了，也就是说排开的水的重力或排开的水的体积减小了，所以结论是：水面会下降！

我们还可以用一种等效方法更加直观地理解：人沉底之前可以等效地认为人被绳子挂在船的底部，这时人和船整体静止，总浮力（即排开的水的重力）等于总重力；人沉入水底相当于把绳子剪断，绳子被剪断后，人下沉的同时船会上浮一些，导致水面下降。

那么，铁块会漂浮在水面上吗？当然不会。可是为什么铁做的轮船就能漂浮在海面上？这就要从浮沉条件来分析了。

# 如何判断物体浮沉

物体在液体中有几种常见状态：漂浮，悬浮，沉底。从一种状态到另一种状态的过程称为上浮或下沉。可以从两个角度来判断物体的浮沉，如表格所示：

| | 漂浮 | 悬浮 | 上浮 | 下沉 |
| --- | --- | --- | --- | --- |
| 受力的角度 | 重力 $G$ = 浮力 $F$ | 重力 $G$ = 浮力 $F$ | 重力 $G$ < 浮力 $F$ | 重力 $G$ > 浮力 $F$ |
| 密度的角度 | $\rho_物 < \rho_液$ | $\rho_物 = \rho_液$ | $\rho_物 < \rho_液$ | $\rho_物 > \rho_液$ |

铁块不会漂浮在水面上，是因为铁块的密度比水大，但铁块可以漂浮在水银（汞）中，因为铁块的密度比水银小。轮船外壳虽然主要由钢铁制成，但轮船内部中空体积很大，平均密度比水小，可以漂浮在大海上。

## 死海不"死"

"死海"其实不是"海",而是世界上最咸的咸水湖,它也不会淹死人。语文课本里说:"人可以在死海中自由游弋。即使不会游泳的人,也总会浮在水面上。"其中的原因就是死海水的密度大于人体密度,所以人总能漂浮在水面上,而不会下沉。

# 科学家故事: 国王的金冠到底掺假没?

两千多年前,在古希腊西西里岛的叙拉古,有一位伟大的学者。他一生勤奋好学,专心致志地研究各种知识,热爱祖国与人民,受到人们的尊敬与赞扬。他就是阿基米德。

阿基米德曾发现杠杆定律和以他的名字命名的阿基米德定律。他利用杠杆原理制造了一种叫作石弩的抛石机，扼制了罗马军队战舰的进攻。他有一句名言："给我一个支点，我可以撬起地球。"阿基米德一生有很多传奇，其中有一件至今被人们津津乐道，就是他发现浮力规律——阿基米德原理的故事。

相传叙拉古国王请一位手艺高明的工匠替他打造一顶纯金皇冠，国王给了工匠所需要的数量的黄金。工匠返回的皇冠精巧别致，而且重量跟当初国王所给的黄金一样重。可是有人向国王报告工匠制造皇冠时私吞了一部分黄金，掺了银子进去。国王听后就把阿基米德找来，要他想办法鉴定皇冠里是否掺了银子，但不能破坏皇冠。这个难题可把阿基米德难住了，他冥思苦想许久，却无计可施。一天，他在家洗澡，脑子里还想着皇冠的难题。当他坐进澡盆时，他注意到水往外溢，同时感到身体被水轻轻托起。这一现象令他灵感大发，他立刻跳出浴盆，忘了穿衣服，就跑到满是人群的街上去了，一边跑一边大叫："我想出来了！我想出来了！"

阿基米德进皇宫后给国王做了一个实验：他将与皇冠等重的金银各一块及皇冠依次放入装满水的盆里，结果金块排出的水量比银块排出的水量少，而皇冠排出的水量比金块排出的水量多。阿基米德于是断定皇冠掺了银子。国王和大臣不明白其中的道理，阿基米德给他们解释说："一样重的木头和铁比较，木头的体积大。如果分别把它们放入水中，体积大的木头排出的水量，会比体积小的铁排出的水量多。我把这个道理用在金子、银子和皇冠上。一样重的金子和银子，银子的体积大。所以同样重的金块和银块放入水中，那么金块排出的水量就比银块的水量少。刚才的实验中，皇冠排出的水量比金块多，这就证明皇冠不是用纯金制造的。"阿基米德的一番话让大家心悦诚服。

后来阿基米德继续思考这件事，从中发现了浮力定律（即阿基米德原理）：物体在液体中所获得的浮力，等于其排开液体的重力。阿基米德发现的浮力原理，奠定了流体静力学的基础，直到今天，这一原理在我们生活中的应用仍然十分广泛，我们可以利用这个原理计算物体密度，也可以用这个原理测定船舶载重量。再如军事上的潜水艇，还有庞大的航空母舰能够漂浮在大海上，都是阿基米德原理的具体应用。

# 动作电影中的物理学——惯性与牛顿第一定律

"如果你不得不从行驶的车里跳下去，那么跳下时要向前跳还是向后跳？"面对这一问题，很多人的回答都是相同的："惯性的存在决定了人应该往前跳。"那么，什么是惯性，这一回答又是否正确呢？

惯性是物体具有保持原来匀速直线运动状态或静止状态的性质。惯性是一切物体都具有的性质，质量是惯性大小的唯一量度，质量大的物体惯性大，质量小的物体惯性小。惯性与物体的运动情况和受力情况无关。

牛顿第一定律：一切物体总保持匀速直线运动或静止状态，直到外力迫使它改变运动状态为止。这一定律前半句话指出了一切物体都有惯性，因此牛顿第一定律又叫惯性定律。定律后半句话指出力不是维持物体运动状态的原因，而是改变物体运动状态（产生加速度）的原因。

伽利略通过科学推理认为：如果一切接触面都是光滑的，一个钢珠从斜面的某一高度处静止滚下，由于没有阻力产生能量损耗，那么它必定到达另一斜面的同一高度处。如果把斜面放平缓一些，钢珠还是会到达另一斜面的同一高度。如果斜面变成水平面，则钢珠找不到同样的高度而会一直运动下去。

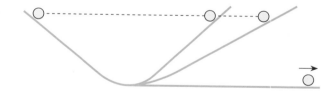

伽利略通过"理想实验法"得出的这一结论，已初具牛顿第一定律的思想萌芽。

让我们回到一开始的问题。当紧急情况发生，人从行驶的车里往下跳时，身体虽已离开车厢，但由于惯性，身体还保持着车辆向前的速度。因此，我们在往前跳时，前行的速度不仅没有消除，反而还加大了。这显然增大了落地的危险性，单就这一点而言，我们绝不应该朝着车行的方向往下跳，而应该是往相反的方向跳。如果我们向后跳，这时跳车的速度就与惯性作用下身体前行速度方向相反，会抵消一部分，这样一来我们的身体落地时速度就较小，接触地面时更安全。

但是，实际情况要更复杂。从现实角度讲，人从车里往下跳时，几乎都是面向车行方向的。当然，经验表明，这的确是相对较好的方法。这就使人迷惑了，到底是为什么呢？

前面关于惯性的解释并没有问题，问题在于还要考虑跳车落地时跌倒的危险，而往哪个方向跌倒对于人的安全的影响结果截然不同。无论我们是向前跳还是向后跳，落地的时候都有跌倒的危险，因为我们的双脚在落地时已经停止运动了，而由于惯性身体却仍然具有速度。往前跳时，我们会习惯性地往前迈出一只脚（如果车速快，还会向前跑几步），这就可以防止跌倒。即便我们真的往前跌倒了，那我们还会下意识地用双手撑住地面，以减少受伤的程度。而往后跳就不同了，如果车速稍快，就极易发生仰跌的危险，这对人体的伤害是很大的。这就是现实生活中紧急跳车向前跳的原因——往前跳更为安全是因为我们自身的防御作用战胜了惯性的影响，而并不是惯性不起作用。极少数有经验的人会这样做：往后跳且在落地前转身，面朝前落地，然后跟着车跑几步。这种方法可谓一举两得：既减少了惯性带来的身体速度，又避免了发生仰跌的危险。

惯性现象在生活中随处可见：公共汽车司机遇到险情猛然刹车，乘客会身不由己地向前倾倒；标枪离手和子弹离开枪膛后继续以很大的速度飞行；正在前进的自行车，不用脚去蹬它仍会保持前行；运动会上百米赛跑抵达终点时，发现身不由己，还要往前跑一段才能停下来……

# 从道路限速说起
## ——牛顿第二定律

中国的《道路交通安全法》规定机动车在高速公路上最高时速不得超过 120km/h，这项规定主要是从安全角度考虑的。在一定时间或距离内让车停下来，要看车速和刹车加速度的大小（回忆一下第一章的知识）。那么，刹车加速度的大小取决于什么因素呢？牛顿第二定律可以帮助我们解答这个问题。

**知识卡片**

牛顿第二定律：物体加速度大小跟它受到的作用力成正比，跟它的质量成反比，加速度方向与作用力方向相同。可用公式表示为 $F = ma$。牛顿第二定律表明力是产生加速度的原因。当物体受到多个力作用时，公式中的 $F$ 指的是合力。

因此，刹车加速度取决于车辆的制动力（制动就是刹车）与质量，这两者一般是固定的，所以为了保障安全，道路状况不同时，要分别规定不同的限速，确保车辆能够及时停下，并且刹车距离足够短，否则连日常驾驶也会变成危险行为！

汽车拥有动力性，因此才需要制动性。人们在评价对比汽车的动力性能时经常会提到一个指标——0~100km/h 加速用时。这个指标小，说明汽车提速快，即发动机可产生的加速度大，动力性能好。这通常意味着汽车质量较小或排气量较大。比如方程式赛车，车身很轻，因此易产生较大加速度。

利用牛顿第二定律，还可以解释人在电梯里的超重与失重感。

**思考时刻**

乘电梯时你可能会有这样的感受：当电梯向上启动，或向下即将停止时，你会感到脚底与电梯底板间的压力增大，仿佛人"变重"了。当电梯向下启动或向上即将停止时，你的双脚有轻微的悬空感，仿佛人又"变轻"了。如果电梯内有个台秤，你在台秤上相对秤不动，乘坐电梯时观察秤的读数，会看到你的体重发生了变化！可是你并没有在电梯里变形呀。这到底是怎么回事呢？

电梯上升，感到自己仿佛变重了，就是"超重"感；电梯下降，似乎双脚轻微悬空一样，就是"失重"感。超重是指拉力或支持力大于物体重力的现象，失重是指拉力或支持力小于物体重力的现象。以失重为例，来分析一下吧。站在电梯内的台秤上，电梯启动时，有一个向下的加速度，这时电梯里的人也以同样的加速度下降。此时人受两个力的作用：一个是竖直向下的重力，另一个是台秤的支承力，方向竖直向上。根据牛顿第二定律，重力、支承力的合力方向也应该竖直向下。也就是说，竖直向上的支承力小于竖直向下的重力。这时反映在台秤上的读数便比重力小，这个结果说明此时的"视重量"比真实重量小，仿佛人失去了一部分重量，这就是"失重"。

根据牛顿第二定律可知，"失去"的这部分重量的大小等于你的质量与加速度大小的乘积。在电梯加速下降过程中，你的质量并无变化，而加速度是可以变化的，所以下降的加速度越大，"失重"就越严重。在游乐园坐过山车带来的刺激感就来自超重与失重。在失重的众多情形中，有一种特殊情况——倘若电梯自由下落（当然，实际运行是不允许出现这种情况的），你会发现台秤上指示出来的你的体重将完全消失，你的重量等于零！这就是"完全失重"状态。

**比起让电梯自由下落，我们还是用跳伞的例子吧（要忽略空气阻力）**

# 让我们荡起双桨
## ——牛顿第三定律

"让我们荡起双桨，小船儿推开波浪……"这首歌旋律优美，一直深受大家喜爱，很多同学都会唱。你知道吗，它的歌词里还包含一个重要的物理定律呢！

**知识卡片**

两个物体间的作用总是相互的，一个物体对另一个物体施加了力，后一个物体一定同时对前一物体也施加了力。物体间相互作用的这一对力通常称为作用力与反作用力。

牛顿第三定律：两个物体间的作用力与反作用力总是大小相等，方向相反，作用在同一条直线上。这个定律建立了相互作用物体间的联系及作用力与反作用力的相互依赖关系。

　　如果你在小船里用力划桨，桨对水产生推力，反过来水对桨会产生等大的反作用力，小船就能前进了。如果在湖面上一艘静止的小船船尾用力去推对面同样静止的小船，会看到两艘小船相互远离，这也是作用力与反作用力同时存在的缘故。

　　夏天如果打开吊扇，空气就会凉爽很多。可是吊扇自身有重力，镶在屋顶上，对天花板悬挂点有拉力作用。吊扇一转，拉力会不会变大，吊扇有无掉下来的危险？让我们利用牛顿第三定律来分析一下。吊扇不转动时，吊扇对悬点的拉力等于吊扇的重力，吊扇旋转时要向下扑风，即对空气产生向下的推力，根据牛顿第三定律，空气也对吊扇有一个向上的反作用力，使得吊扇对悬点的拉力减小。所以可以放心了，转动的吊扇更不容易掉落下来。

　　牛顿第三定律告诉我们，A 物体对 B 物体的力大小一定等于 B 物体对 A 物体的力大小，那么问题来了：拔河时甲队对乙队的拉力和乙队对甲队的拉力是一对作用力与反作用力，方向相反而大小相等，可是为什么会有一队赢了呢？跳高时人对地面的压力和地面对人的支持力是一对作用力与反作用力，力的大小是相等的，那么为什么人能跳起来呢？要解释清楚这类问题，不仅要用到牛顿第三定律，还要用到牛顿第二定律。拔河时一队能战胜另一队是由于赢队对对方的拉力大于对方受到的地面摩擦力，所以一定要避免脚离开地面；跳高时人之所以能跳起来是因为地对人的支持力大于人受到的重力，跳高者的起跳动作使地面给人施加了一个额外的力的缘故。

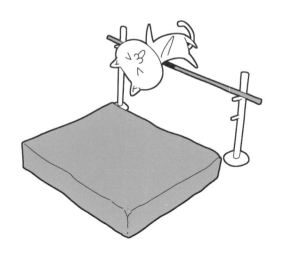

# 火车转弯与棉花糖
## ——生活中的圆周运动

仔细观察平时的生活，会发现一些奇怪的现象：火车的弯道为什么外高内低？车速很快的汽车过拱形桥，在桥顶为何凌空而起？还有一些现象看似平常，细想却发现原因不是那么简单：宇航员在太空中为什么会飘起来？洗衣机转筒又是如何把衣服甩干的？

这些问题，都可以用圆周运动的知识来解释。

知识卡片

描述圆周运动的物理量主要有线速度、角速度、周期、转速、向心加速度、向心力等。

线速度（$v$）指做圆周运动物体在一定时间内通过弧长和所用时间的比值。角速度（$\omega$）指做圆周运动物体在一定时间内对圆心转过角度和所用时间的比值。线速度和角速度都是描述物体做圆周运动快慢的物理量。衡量圆周运动时，同时考虑线速度和角速度，才能准确全面衡量圆周运动的快慢。其中线速度大小不变的圆周运动叫匀速圆周运动。

周期（$T$）是物体沿圆周运动一周的时间。转速（$n$）是物体在单位时间内转过的圈数，也叫频率，是周期的倒数。向心加速度是描述速度方向变化快慢的物理量，表达式为 $a_n = \dfrac{v^2}{r} = \omega^2 r$。向心力指做圆周运动物体受到的指向圆心方向的（合）力，表达式为 $F_n = ma_n$。

　　火车铁轨在转弯处都会设计为外轨略高于内轨。如果内外轨道高度完全一样，火车做圆周运动的向心力就完全由外侧轨道对车轮缘的弹力来提供，这样铁轨与外侧车轮的轮缘会产生挤压。由于火车质量太大，所需向心力很大，铁轨承受的力就很大。这样，外轨容易变形受损，严重时甚至会把轨道掀翻，造成火车脱轨事故。而适当垫高外侧路基，使外轨高度增加（实际数值并不大），就可以避免外轨受到挤压。事实上，任何物体在转弯时都需要指向弯道中心的向心力。田径运动员在赛场上跑弯道时身体向内侧倾斜，在短道速滑、摩托竞速等比赛中，弯道时人（车）向内侧的倾斜甚至更为明显，原因是这样做重力的一部分就提供了向心力。

　　汽车过凸形桥时，汽车的向心力向下，重力减去支持力的合力提供向心力。此时，汽车对桥的压力（大小与其反作用力即支持力相等）小于重力，汽车处于失重状态。速度越快，压力越小，快到一定程度，汽车就会飞离桥面，开始做离心运动了。

此外，宇航员在太空中会飘起来遵循同样的原理，因为你可以把地球看成是一个半径非常大的凸形"桥"，这时宇航员的重力全部用来提供向心力。

# 离心运动

做圆周运动的物体，在所受合外力突然消失或不足以提供圆周运动所需向心力的情况下，所做的逐渐远离圆心的运动称为离心运动。其本质是做圆周运动的物体，由于本身的惯性，总有沿着圆周切线方向飞出去的倾向。

洗衣机转筒转起来会把衣服上的水甩干，正是利用了离心运动的规律。类似的例子还有田径比赛中链球离手飞出，雨天通过旋转雨伞甩掉雨滴……我们平时可以吃到棉花糖，也是离心运动的功劳：制糖机内筒装有加热熔化的糖汁，随着内筒高速旋转，黏稠的糖汁开始做离心运动，从内筒的小孔飞散出来成为丝状，并到达温度较低的外筒，在这里迅速冷却凝固，最终变得像棉花般纤细绵软。

# 天空立法者
## ——开普勒三大定律

自古以来，每当夜深人静时，望着天空中神秘眨眼的星星，人们会激起许多关于宇宙和行星的美丽遐想，也产生了数不清的疑问。为了解开这些疑问，一代又一代的科学家们进行了不懈的探索。

在天文学的历史上，古希腊科学家的论述颇为丰富。到公元 2 世纪，数学家、天文学家托勒密完成了一部 13 卷的巨著《天文学大成》，提出了著名的托勒密地心体系：地球是球形的，位于宇宙中央静止不动。这一理论曾长期统治人们的思想，直到波兰天文学家哥白尼在 1543 年出版《天体运行论》，系统提出日心说宇宙模型后，地球位于中心的认知才被推翻。日心说认为太阳是宇宙的中心，是静止不动的，地球等一切行星都围绕太阳做圆周运动。

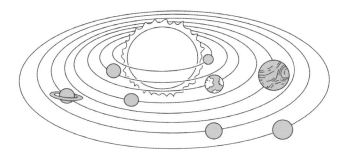

　　由于时代的局限，哥白尼只是把宇宙的中心从地球移到了太阳，并没有放弃宇宙中心论和宇宙有限论。当然，后来的研究结果证明，宇宙空间是无限的，它没有边界，没有形状，因而也就没有中心。虽然日心说的观点并不完全正确，但这一理论给人类的宇宙观带来了巨大的变革。哥白尼在这部巨著出版的同年便去世了，证明日心说的正确性并将其发扬光大的是杰出的德国天文学家开普勒。

# 科学家故事："多灾多难"的大天文家开普勒

　　开普勒是个早产儿，加上营养不良，所以体质虚弱，一生都在和病魔做斗争。4岁时因为猩红热差点失去生命，虽然最后活了下来，但身体受到了极大的伤害，视力衰弱，并且一只手半残疾。但他自幼天资聪颖，对数学和天文学有浓厚兴趣。1600 年，开普勒来到布拉格，担任被称为"星学之王"的天文观测家第谷的助手，不幸的是第谷在二人合作的第二年便去世了，但他把毕生积累的大量精确观测资料全部留给了开普勒。

当时不论是地心说还是日心说都把天体运动看得很神圣，认为天体运动必然是最完美最和谐的匀速圆周运动，但开普勒经过大量的烦琐计算发现，匀速圆周运动规律与第谷的实际观测结果不符，他试图用别的几何图形来解释行星运动。终于在 1609 年，他的计算表明火星运行轨道不是圆形而是椭圆形。开普勒进而得出两大定律——开普勒第一定律和第二定律。这两条定律刊登在 1609 年出版的《新天文学》（又名《论火星的运动》）中，该书还指出两条定律同样适用于其他行星和月球的运动。第三定律的发现更艰难，开普勒克服了工作环境的不利与长年的身心疲惫，经历长期的繁杂计算和无数次失败，最后得出结论：行星绕太阳公转运动周期的平方与它们椭圆轨道半长轴的立方成正比。这一研究结果发表在 1619 年出版的《世界的和谐》中。

行星运动三大定律（即轨道定律、面积定律、周期定律）使开普勒获得"天空立法者"的美名，也为哥白尼日心说提供了最可靠的证据。开普勒对光学和数学也做出了重要贡献，并且是现代实验光学的奠基人。为了纪念开普勒，国际天文学联合会将 1134 号小行星命名为开普勒小行星。

开普勒第一定律：所有行星绕太阳运动的轨道都是椭圆，太阳处在椭圆的一个焦点上。

开普勒第二定律：对任意一个行星来说，太阳中心到行星中心的连线在相等时间内扫过的面积相等。

开普勒第三定律：所有行星轨道半长轴三次方与其公转周期二次方的比值都相等，表达式为：$a^3/T^2=k$。其中 $k$ 为开普勒常量，只与被绕星体有关。

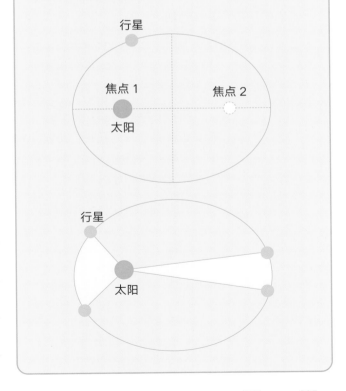

# 为什么秋冬比春夏短几天?

先来看一看地球绕太阳运行的示意图。图中椭圆表示地球公转轨道,另外标出了农历节气"二分二至"时地球对应的位置。

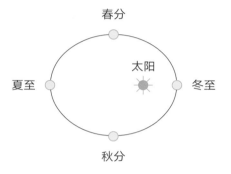

对北半球观察者而言,地球绕日运行冬天经过近日点,夏天经过远日点。由开普勒第二定律可知,冬天地球运动得比夏天快一些,所以春夏两季比秋冬两季要长。春季与夏季共 186 天,而秋季与冬季只有 179 天。想一想,南半球的情况又是如何呢?

# 苹果与月球的统一
## ——万有引力定律

　　成熟的苹果为什么会从树上落下来？月球又为什么会绕着地球转？这两个貌似没有关系的问题，竟然有着深刻的内在统一性，而这个统一性源于自然界最基本的规律之一——万有引力定律。

万有引力定律：自然界的任何物体都相互吸引，引力方向在它们的连线上，引力大小与它们质量的乘积成正比，与它们间距的平方成反比。表达式为

$$F = G\frac{m_1 m_2}{r^2}$$

其中 $G = 6.67 \times 10^{-11} N \cdot m^2/kg^2$，叫引力常量。公式适用于质点间的相互作用。当两物体间的距离远远大于物体本身的大小时，物体可视为质点。均匀的球体可视为质点，$r$ 是两球心间的距离。公式也适用于一个均匀球体与球外一个质点间的万有引力，其中 $r$ 为球心到质点间的距离。

万有引力定律是牛顿发现的一个重要定律。1665年春季英国爆发严重的瘟疫，剑桥大学为防患于未然，宣布大学关闭，把全体师生都遣散回家。当时在剑桥读书的牛顿无奈之下回到了家乡——乡下的乌尔斯索普庄园。有一天他坐在花园里看到一个苹果从树上掉了下来，由此产生灵感，提出问题——为什么苹果不飞向天空却直落地面？为什么苹果会落地而月球却一直在绕地球旋转？地月间的作用和月球运动有什么关系？这些灵感和问题最终使万有引力定律诞生。牛顿将苹果的故事告诉了朋友斯蒂克利，斯蒂克利将它写进1752年出版的《艾萨克·牛顿爵士回忆录》中。如今那棵苹果树仍在乌尔斯索普庄园，由单独的围栏保护着，被视为科学探索精神的一种象征。

1687年，在英国天文学家哈雷的资助下，牛顿出版了人类科学史上最伟大的著作——《自然哲学的数学原理》，人们经常简称它为《原理》。在这本书中，牛顿提出了著名的运动学三定律和万有引力定律，并利用他发明的微积分，证明了从引力的平方反比律出发可以推导出开普勒三大定律。他在书中全面地论述了物体运动理论和物体在万有引力作用下的运动规律，说明了行星在向心力的作用下为什么能保持在轨道上运行，并比较了抛体运动和天体运动的异同。

这本书的出版让牛顿名声大振，按哈雷的话说，牛顿成了"世界上最接近神的人"。

按照万有引力定律，苹果从树上落下来是因为没有初速度的苹果受到地球的引力。月球围绕地球转，是因为月球也受到地球的引力，只不过引力提供了月球圆周运动的向心力，所以月球不会像苹果那样掉下来。

实际上，地球附近物体受到的重力近似等于万有引力。根据万有引力和重力公式，只要测量出引力常量就可以得到地球的质量。在牛顿发表万有引力定律的一百年后，1798 年，英国物理学家卡文迪许测出了万有引力常量 $G$，因此卡文迪许被人们称为"称出地球质量的人"。$G$ 的测定证实了万有引力的存在，使万有引力能够定量计算，同时也标志着力学实验精密程度的提高，并且开创了测量弱相互作用力的新时代。

# 环绕地球需要动力吗？
## ——卫星小知识

德国哲学家康德说过："这个世界上唯有两样东西能让我们的心灵感到深深的震撼——头顶灿烂的星空和心中崇高的道德法则。"出于这种好奇与震撼，人类利用科学知识，制造出各种各样的航天器对"灿烂星空"进行探索，其中一种重要的航天器就是人造地球卫星。

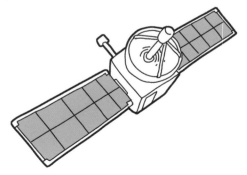

# 卫星知多少

　　人造地球卫星是指环绕地球在空间轨道上运行的无人航天器，简称人造卫星。人造卫星是发射数量最多、用途最广、发展最快的航天器，占航天器发射总数的 90％以上，可用于空间物理探测、天文观测、全球通信、军事侦察、地球资源勘探、气象观测、环境监测、搜索营救、定位导航等领域。

　　人造卫星有多种分类方式。按轨道高度不同，可分为低轨道卫星（轨道高度小于 1000 千米）、中轨道卫星（轨道高度范围 1000~20000 千米）和高轨道卫星（轨道高度大于 20000 千米）；按应用方向，可分为科学卫星、技术试验卫星和应用卫星；按具体用途，可分为天文卫星、通信卫星、气象卫星、侦察卫星、导航卫星、资源卫星等。这些种类繁多、用途各异的人造卫星为人类做出了巨大的贡献。

　　那么，你知道太空中究竟有多少颗人造卫星吗？实际上，很难确定精确的数据，因为人造卫星有民用和军用的区别，世界各国的民用卫星一般都是公开的，但军用卫星很多都不会公开。根据欧洲航天局的统计，自 1957 年苏联发射世界上第一颗人造卫星以来，全球共发射人造卫星约 7000 颗，其中约 3600 颗依然留在太空中，但只有 1000 多颗还在有效运行，其余的已成为太空垃圾。

地球同步卫星是指在地球同步轨道上自西向东运行的人造卫星，轨道周期与地球自转周期相同，为 1 个恒星日，即 23 小时 56 分 4 秒。地球同步卫星距地面高度约为 36000km，按轨道倾角不同可分为地球静止卫星（轨道平面与赤道平面重合）、倾斜轨道同步卫星和极地轨道同步卫星（轨道平面与赤道平面垂直）。通信卫星大多属于第一种，一颗大约能够覆盖 40% 的地球表面，使覆盖区内的任何地面、海上、空中的通信站能同时相互通信。

# 发射卫星需要多大速度？

卫星在轨道上运行时不需要动力，因为地球对卫星的万有引力等于卫星绕行地球的向心力，这时可以认为卫星和内部的物体处于完全失重状态。但是发射卫星需要一定的速度，因此把卫星送到预定的轨道上需要借助运载火箭或航天飞机。卫星的最小发射速度是 7.9km/s。对比我们日常生活中的速度，这可真是快得难以想象！那么，怎样才能使人造卫星获得这么大的初速度呢？俄国科学家齐奥尔科夫斯基在 1903 年，就推导出了著名的齐奥尔科夫斯基火箭公式，表明利用多级火箭可以达到这样大的速度。人类由此迈出探索宇宙的第一步，齐奥尔科夫斯基也因此被称为"航天之父"。

第一宇宙速度为 7.9km/s，是人造卫星在地面附近绕地球做匀速圆周运动的速度。它也是人造卫星的最大环绕速度和最小发射速度（想一想为什么？）。

计算方法：由 $mg = \dfrac{mv^2}{R} = \dfrac{GMm}{R^2}$，

可得 $v = \sqrt{\dfrac{GM}{R}} = \sqrt{gR} = 7.9\text{km/s}$。

$m$ 为卫星质量，$M$ 为地球质量，$R$ 为地球半径。

第二宇宙速度为 11.2km/s，也叫脱离速度，是使物体（卫星）挣脱地球引力束缚的最小发射速度。第三宇宙速度为 16.7km/s，也叫逃逸速度，是使物体（卫星）挣脱太阳引力束缚的最小发射速度。（提示：后续学习了能量守恒定律的内容后，可以试试自己推导出第二宇宙速度哦。它是第一宇宙速度的 $\sqrt{2}$ 倍。）

# 卫星导航不怕忙

　　卫星定位导航与日常生活的关系变得越来越密切。有同学担心：地球上有那么多人和设备都在同时使用定位导航，卫星忙得过来吗？答案是：它们可以！其实对于导航卫星而言，只需做一件事——往地面发射信号。在这个过程中，卫星不用做任何计算。用户端接收卫星信号（至少来自四颗卫星），用信号解算自己的位置就可以了。因此，理论上卫星定位导航的用户使用数没有上限，不论来多少人和设备都可以处理！

全球卫星导航系统（也称为全球导航卫星系统），是能在地球表面或近地空间的任何地点，为用户提供全天候的三维坐标、速度及时间信息的空基无线电导航定位系统。导航系统一般都包括几十颗卫星（大都在 30 颗以上），基本可以保证中低纬度地区的接收机在任一时刻同时观测到 8 颗以上卫星。目前全球共有四个这样的系统，分别是：美国的全球定位系统（GPS）、俄罗斯的格洛纳斯卫星导航系统（GLONASS）、中国的北斗卫星导航系统（BDS）和欧洲的伽利略卫星导航系统（Galileo）。

# 脑洞物理学

读完本章内容，同学们可以尝试进行以下探究课题，体验物理学的魅力。

## 1 小实验——筷子提米

用圆柱状陶瓷杯或空的易拉罐装米，边装边振动，尽量把米装满装实。左手四指用力压住大米，右手将筷子通过指间用力从中心位置插入米中，注意要一直插到罐底。好，现在试试把米罐"提"起来吧！

（提示：如果筷子是方头且较为粗糙，一般第一次实验就能把一罐米提起来，这是因为米与筷子接触面粗糙，摩擦力大。如果筷子较圆滑，可在米中加少量水，等米粒膨胀后再提起，也能够成功。）

## 2 研究杂技演员在走钢丝时是如何保持平衡的

（提示：观看视频，你会发现当杂技演员的身体摇晃要倒下时，他们通过摆动两臂使身体恢复稳定。两臂的摆动是在调整重力作用线，使之通过支撑面，以恢复平衡。有些杂技演员在走钢丝时手里横向握着长棒也是这个道理。）

## 3   如何简单区分外观、温度相同的生鸡蛋和熟鸡蛋

（提示：生蛋和熟蛋在停止旋转的过程中表现出的情况不同。一个旋转着的熟蛋，只要你用手一捏，就会立刻停下来。生蛋若在旋转，碰到你的手时会停下，但如果立刻把手放开，它还要继续略微转动一下。这是惯性在起作用。生蛋蛋壳虽被阻止转动，内部的蛋黄蛋白却仍在继续旋转。至于熟蛋，它的蛋黄蛋白跟外面的蛋壳是同时停止的。）

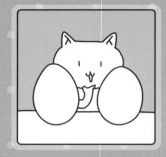

## 4   蚂蚁从高处落下却安然无恙的奥秘

（提示：运动物体受空气阻力大小与物体和空气接触的表面积有关，物体下落时物体表面积和重力的比值越大，阻力就越容易和重力平衡，因而小的物体在空气中可以很慢地下落，蚂蚁从高处落下安然无恙也是这个原因。你可以试试计算这些力的数量级与大概数值，然后估算比值，能获得更直观的感受。）

## 5   观察生活，写一篇作文——《摩擦力与我的一天》

太阳点亮了新的黎明。你睁开双眼，此刻你的眼球和眼皮之间已经完成了今天的第一次摩擦，而你却全然不知。接着，你撩开被子伸手去抓衣服。衣服被抓过来靠的是衣服与手之间的摩擦。如果这个摩擦消失了，即使勉强将衣服揽在怀里，把它穿到身上也会变成巨大的难题——因为你根本抓不住衣襟，纽扣更是一个都甭想扣上。

你迈步走出卧室，鞋子同时与地面和脚产生摩擦，使你稳步前进。早饭后，牙刷利用它与牙齿间的滑动摩擦帮你除去食物残渣，清洁齿面……

# 6 观察并查阅资料，分析与汽车有关的力学知识

（提示：汽车车身设计成流线型，是为了减小汽车行驶时受到的阻力。汽车底盘质量都较大，这样可以降低汽车重心，增加汽车行驶稳度。汽车前进的动力是地面对主动轮的摩擦力，而主动轮和从动轮与地面间摩擦力方向是相反的！汽车在平直路面匀速前进时，牵引力与阻力互相平衡，汽车所受重力与地面支持力平衡。汽车拐弯时司机要打方向盘——牛顿第二定律说过，力是改变物体运动状态的原因。乘客会向拐弯的反方向倾倒——牛顿第一定律，乘客是具有惯性的。汽车司机和前排乘客必须系安全带，也是为了防止惯性带来危险……）

# 学霸笔记

## 1 力

力是物体间的相互作用。力的作用效果是改变物体的运动状态或使物体发生形变。力的三要素是指力的大小、方向和作用点。力既有大小又有方向，力的运算遵循平行四边形定则和三角形定则。力不能脱离物体而独立存在。物体间力的作用是相互的，只要有作用力，就一定有对应的反作用力。

## 2 重力

重力是由于地球对物体的吸引而使物体受到的力，与物体的质量成正比。可用公式表示为 $G = mg$。$g$ 即重力加速度，其数值会随纬度增大而增大，随高度增大而减小。重力的方向总是竖直向下的。为了研究方便而人为认定的重力的作用点叫重心，质量分布均匀的规则物体重心在其几何中心。对于形状不规则或者质量分布不均匀的薄板，重心可用悬挂法确定，其原理是二力平衡必共线。

# 3 弹力与胡克定律

实验表明，弹簧发生弹性形变时，弹力大小跟弹簧伸长（或缩短）的长度 $x$ 成正比，即 $F = kx$。$k$ 称为弹簧劲度系数，单位牛顿 / 米（N/m）。一般来说，$k$ 越大，弹簧越"硬"；$k$ 越小，弹簧越"软"。$k$ 的大小与弹簧的粗细、长度、材料、匝数等因素有关。弹力与弹簧伸长量的关系可用 $F$-$x$ 图像表示。

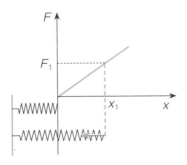

# 4 摩擦力

摩擦力指两个相互接触的物体由于具有相对运动或相对运动的趋势，而在物体接触处产生的阻碍物体之间相对运动或相对运动趋势的力。阻碍相对运动的是动摩擦，阻碍相对运动趋势的是静摩擦。滑动摩擦力大小跟正压力 $F_f$ 成正比，即 $F_f = \mu F_N$，$\mu$ 表示两物体间的动摩擦因数，由物体接触面属性决定。

# 5 牛顿三大定律

牛顿第一定律：一切物体总保持匀速直线运动或静止状态，直到外力迫使它改变运动状态为止。

牛顿第二定律：物体加速度大小跟它受到的作用力成正比，跟它的质量成反比，加速度方向跟作用力方向相同。

牛顿第三定律：两物体间作用力与反作用力总是大小相等，方向相反，作用在同一条直线上。

以上定律只适用于相对地球静止或匀速直线运动的参考系（即惯性系）中宏观、低速运动的物体，不适用于微观、高速运动的粒子。

# 6 超重与失重

|  | 超重 | 失重 | 完全失重 |
|------|------|------|----------|
| 概念 | 物体对支持物的压力（或对悬挂物的拉力）大于物体所受重力的现象 | 物体对支持物的压力（或对悬挂物的拉力）小于物体所受重力的现象 | 物体对支持物的压力（或对悬挂物的拉力）等于零的现象 |
| 产生条件 | 物体加速度方向竖直向上或有竖直向上的分量 | 物体加速度方向竖直向下或有竖直向下的分量 | 物体竖直方向的加速度向下，大小等于 $g$ |
| 表达式 | $F - mg = ma$，$F = m(g + a)$ | $mg - F = ma$，$F = m(g - a)$ | $mg - F = ma$，$F = 0$ |
| 运动状态 | 加速上升、减速下降 | 加速下降、减速上升 | 无阻力抛体运动、在轨卫星、空间站中的人与物体 |
| 视重 | $F > mg$ | $F < mg$ | $F = 0 < mg$ |

# 7 向心力与圆周运动

向心力是效果力，是做圆周运动物体受到的指向圆心方向的合外力，其作用效果是产生向心加速度。向心加速度反映圆周运动速度方向变化快慢。向心加速度方向和线速度方向垂直，只改变线速度方向，不改变线速度大小，表达式为 $F_n = m\omega^2 r = m\dfrac{v^2}{r} = m\dfrac{4\pi^2}{T^2} r$。竖直平面内的圆周运动能产生超重或失重效果。比如，汽车 $m$ 在拱桥上以速度 $v$ 前进，桥面圆弧半径为 $r$，$F_N$ 为桥面对车支持力，大小等于车对桥面压力。由向心力公式得出以下结论：凸形桥面 $mg - F_N = m\dfrac{v^2}{r}$，$F_N = mg - m\dfrac{v^2}{r} \leqslant mg$，产生失重效果。凹形桥面 $F_N - mg = m\dfrac{v^2}{r}$，$F_N = mg + m\dfrac{v^2}{r} \geqslant mg$，产生超重效果。

# 8 开普勒三大定律

开普勒第一定律：所有行星绕太阳运动的轨道都是椭圆，太阳处在椭圆的一个焦点上。

开普勒第二定律：对任意一个行星来说，太阳中心到行星中心的连线在相等时间内扫过的面积相等。

开普勒第三定律：所有行星的轨道半长轴三次方与公转周期二次方的比值都相等。

# 9 万有引力定律

自然界的任何物体都相互吸引，引力方向在它们的连线上，引力大小跟它们质量的乘积成正比，跟它们之间距离的平方成反比。表达式为

$$F = G\frac{m_1 m_2}{r^2}$$

其中 $G = 6.67 \times 10^{-11} N \cdot m^2/kg^2$，叫引力常量。